高等学校电子信息类规划教材

通信工程综合实验指导书

主　编　白铁成　张　晓　石鲁珍
副主编　陈　杰　张树艳　张楠楠

北京邮电大学出版社
·北京·

内 容 简 介

在当今通信技术迅猛发展的背景下，无线通信网络的优化和控制能力成为通信工程师的必备技能。本书紧密结合通信工程专业的教学需求，提供了全面的理论知识和实验指导，以帮助读者深入理解和掌握通信网络优化的关键技术和实践技能。

本书共分为4章，分别是通信原理实验、信号与系统实验、MATLAB仿真及应用实验、网络优化仿真软件实训。通过理论与实践的结合，本书旨在培养学生的实践操作能力和问题解决能力，为他们未来的学习和工作打下坚实的基础。

本书不仅可以作为高等学校通信工程及相关专业学生的教材，也可以作为通信工程师和技术人员的重要参考资料。

图书在版编目（CIP）数据

通信工程综合实验指导书 / 白铁成，张晓，石鲁珍主编. -- 北京：北京邮电大学出版社，2025. -- ISBN 978-7-5635-7402-5

Ⅰ. TN91-33

中国国家版本馆CIP数据核字第2024GG2135号

策划编辑：马 飞 **责任编辑：**马 飞 **封面设计：**广信达雅

出版发行：北京邮电大学出版社
社 址：北京市海淀区西土城路10号(100876)
电话传真：010-82333010 62282185(发行部) 010-82333009 62283578(传真)
网 址：www.buptpress3.com
电子信箱：buptpress3@163.com
经 销：各地新华书店
印 刷：北京厚诚则铭印刷科技有限公司
开 本：787 mm×1 092 mm 1/16
印 张：11.5
字 数：278千字
版 次：2025年3月第1版
印 次：2025年3月第1次印刷

ISBN 978-7-5635-7402-5 **定价：**45.00元

如有质量问题请与发行部联系

前 言

Preface

在当今通信技术迅猛发展的背景下，学生需要具备扎实的通信理论基础，以应对日益复杂的通信系统设计与分析任务。传统的理论课程往往难以满足学生对于实际操作的需求，因此编者编写本书来弥补这一不足，为学生提供系统、全面的实验指导。本书包括通信原理实验、信号与系统实验、MATLAB 仿真及应用实验和网络优化仿真软件实训 4 章。这些内容有助于学生深入理解通信工程领域的基本原理和实践操作，从而提高其应用能力和实践技能。本书为学生提供全面的实验指导，使他们能够在通信工程领域获得扎实的基础知识，并为未来的职业发展做好充分准备。本书可作为通信工程专业及相关电子信息专业本科生的实验教材，还可为相关人员提供重要的参考资料。

第一章为通信原理实验，由张晓和张楠楠编写，主要介绍了抽样定理、PCM 编译码、AMI 码型变换、HDB3 码型变换、眼图观测、ASK 调制及解调、FSK 调制及解调、BPSK 调制及解调、DBPSK 调制及解调、模拟乘法器调幅(AM、DSB、SSB)、包络检波及同步检波、时分复用与解复用等实验。本章旨在通过实验操作，帮助学生深入理解通信原理的基本概念和关键技术，包括信号的编码、传输、调制和复用等内容。通过这些实验，学生能够加深对通信原理的理论知识的理解，并培养实践操作能力。

第二章为信号与系统实验，由张树艳编写，旨在帮助学生深入理解信号与系统的基本原理和技术。通过实验操作，学生将学习信号的特性、系统的响应以及信号与系统之间的相互作用。实验内容包括常用信号分类与观察，阶跃响应与冲激响应，连续时间系统的模拟，无失真传输系统，有源、无源滤波器，抽样定理与信号恢复，信号卷积，信号分解及合成。通过这些实验，学生能够加深对信号与系统理论的理解，掌握信号处理和系统分析的基本方法。

第三章为 MATLAB 仿真及应用实验，由陈杰编写，旨在帮助学生掌握使用 MATLAB 进行信号处理和系统仿真的基本技能，并将其应用于实际问题的解决中。通过实验操作，学生将学习如何使用 MATLAB 进行信号生成、滤波、频谱分析、系统建模和仿真等。实验内容包括 MATLAB 基本操作、矩阵基本运算、矩阵分析、MATLAB 程序设计、二维曲线的绘制、MATLAB 数据分析、GUI 设计、SIMULINK 仿真。通过这些实验，学生能够熟练运用 MATLAB 进行信号与系统相关问题的仿真和分析，并将所学知识应用于实际的工程项目中，提高问题解决能力和工程实践能力。

第四章为网络优化仿真软件实训，由石鲁珍编写，旨在帮助学生掌握网络优化仿真软件的使用方法，并将其应用于无线通信网络的优化和规划中。通过实训内容，学生将学习如何进行接入网参数配置、核心网参数配置、用户号码配置及用户写卡开通等，从而深入了解无线通信网络规划和移动通信的相关知识。实训还涵盖了网络优化仿真软件的使用技巧、优化方案设计、性能评估等内容，以培养学生的实践操作能力和解决实际工程问题的能力。

白铁成负责整本书的审核和校对工作。在编写过程中，编者努力确保内容的系统性和完整性。鉴于通信工程领域的广泛性和复杂性，以及编者自身经验的局限性，书中可能仍有一些不足之处。在此请各位读者不吝赐教，提出宝贵的意见和建议。

编　者
2024 年 10 月

目 录

Contents

第一章

通信原理实验

章节导读

通信原理实验的目标是在通信原理理论的指导下，以验证性实验为基础，以设计性实验为主，在实验中巩固通信原理和技术的初步设计和研究。既可以将通信系统中的有关模块单独列出来进行实验，又可以联机调试进行系统实验；既可以做有关知识的验证性实验，又可以进行系统设计实验；既可以分散测量，又可以集中测量各点波形，还可以根据需要自行编写程序完成某一项实验。通过学习本章内容，学生应掌握示波器、万用表等仪器的使用方法。

本章的学习目标如下。

(1)掌握模拟调制解调的原理与方法以及分析。

(2)掌握基带通信系统码型变换的原理及要求。

(3)掌握基带通信系统中定时的作用以及系统分析。

(4)掌握噪声对数字通信系统的影响。

(5)掌握数字通信调制与解调的原理与方法以及分析。

(6)掌握 PCM 编码的方法。

(7)理解同步在通信系统中的重要性。

实验 1.1　抽样定理

一、实验目的

(1)了解抽样定理在通信系统中的重要性。
(2)掌握自然抽样及平顶抽样的实现方法。
(3)理解低通采样定理的原理。
(4)理解实际的抽样系统。
(5)理解低通滤波器的幅频特性对抽样信号恢复的影响。
(6)理解低通滤波器的相频特性对抽样信号恢复的影响。
(7)理解带通采样定理的原理。

二、实验器材

(1)主控 & 信号源、M01 模块各一块。
(2)双踪示波器一台。
(3)连接线若干。

三、实验原理

1. 抽样定理实验原理框图(见图 1-1)

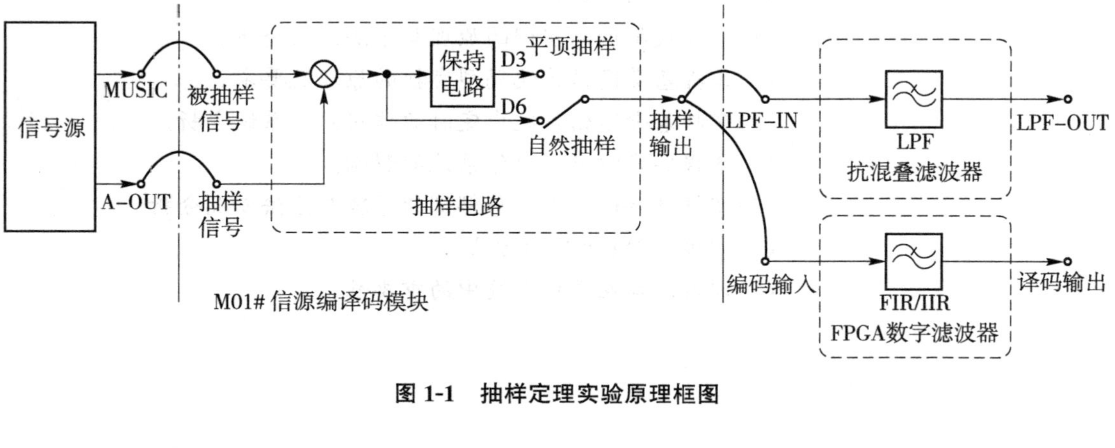

图 1-1　抽样定理实验原理框图

2. 实验原理框图说明

抽样信号由抽样电路产生。将输入的被抽样信号与抽样脉冲相乘就可以得到自然抽样信号，自然抽样信号经过保持电路得到平顶抽样信号。在模块上有对应的抽样模式指示灯，通过主控菜单“抽样定理”→“自然/平顶抽样”设置，当切换为平顶抽样时，模块上的 D3 指示灯处于亮的状态；当切换为自然抽样时，D6 指示灯处于亮的状态。

让抽样信号经过低通滤波器即可得到恢复的信号。这里滤波器可以选用抗混叠滤波器(8 阶 3.4 kHz 的巴特沃斯低通滤波器)或 FPGA 数字滤波器(有 FIR、IIR 两种)。

需要注意的是，这里的数字滤波器借用信源编译码模块的端口，在做本实验时与信源编译码的内容没有联系。

四、实验任务

任务一　抽样信号观测及抽样定理验证

概述：通过不同频率的抽样时钟，从时域和频域两个方面观测自然抽样和平顶抽样的输出波形，以及信号恢复的混叠情况，从而了解不同抽样方式的输出差异和联系，验证抽样定理。

(1)模块关电，按表 1-1 所示进行连线。

表 1-1　实验 1.1 端口说明表 1

源端口	目标端口	连线说明
信号源：MUSIC	模块 M01：TH1(被抽样信号)	将被抽样信号送入抽样单元
信号源：A-OUT	模块 M01：TH2(抽样脉冲)	提供抽样时钟
模块 M01：TH3(抽样输出)	模块 M01：TH8(LPF-IN)	送入模拟低通滤波器

(2)模块开电，设置主控菜单，选择“主菜单”→“通信原理”→“抽样定理”。调节主控模块的 W1，使 A-OUT 的输出峰峰值为 3 V。

(3)此时实验系统初始状态为：被抽样信号 MUSIC 是幅度为 4 V、频率为 3 kHz+1 kHz 的正弦合成波。抽样脉冲 A-OUT 是幅度为 3 V、频率为 9 kHz、占空比为 20%的矩形波。

(4)实验操作及波形观测。

①观测并记录自然抽样前后的信号波形：设置菜单，选择“抽样定理”→“自然抽样”，用示波器分别观测 $\text{MUSIC}^{\text{主控\&信号源}}$ 和 TH3(抽样输出)。

②观测并记录平顶抽样前后的信号波形：设置菜单，选择“抽样定理”→“平顶抽样”，用示波器分别观测 $\text{MUSIC}^{\text{主控\&信号源}}$ 和 TH3(抽样输出)。

③观测并对比抽样恢复后信号与被抽样信号的波形：设置菜单，选择“抽样定理”→“自然抽样”，用示波器观测 $\text{MUSIC}^{\text{主控\&信号源}}$ 和 TH9(LPF-OUT)，以 100 Hz 的步进减小 $\text{A-OUT}^{\text{主控\&信号源}}$ 的频率，观测并思考在抽样脉冲频率为多少的情况下恢复信号有失真。

④用频谱的角度验证抽样定理(选做)：用示波器频谱功能观测并记录被抽样信号 MUSIC 和抽样输出频谱。以 100 Hz 的步进减小抽样脉冲的频率，观测抽样输出以及恢复信号的频谱。其中，示波器需要用 250 kSa/s 的采样率(每秒采样点为 250 kHz)，FFT 缩放调节为×10。

注：通过观测频谱可以看到，当抽样脉冲小于被抽样信号频率的 2 倍时，信号会产生混叠。

任务二　滤波器幅频特性对抽样信号恢复的影响

概述：本任务通过改变抽样时钟频率，分别观测和绘制抗混叠低通滤波和 FIR 数字滤波的幅频特性曲线，并比较抽样信号经过这两种滤波器后的恢复效果，从而了解和探讨不同滤波器幅频特性对抽样信号恢复的影响。

1. 测试抗混叠低通滤波器的幅频特性曲线

(1)模块关电，按表 1-2 所示进行连线。

表 1-2　实验 1.1 端口说明表 2

源端口	目标端口	连线说明
信号源：A-OUT	模块 M01：TH8(LPF－IN)	将信号送入模拟滤波器

(2)模块开电，设置主控模块，选择"信号源"→"输出波形"和"输出频率"，通过调节相应旋钮，使 A-OUT[主控&信号源]输出频率为 5 kHz、峰峰值为 3 V 的正弦波。

(3)此时实验系统初始状态为：抗混叠低通滤波器的输入信号是频率为 5 kHz、幅度为 3 V 的正弦波。

(4)实验操作及波形观测。

用示波器观测 TH9(LPF-OUT)。以 100 Hz 的步进减小 A-OUT[主控&信号源]的频率，观测并记录 LPF-OUT 的频谱，将结果记入表 1-3。

表 1-3　LPF-OUT 的频谱

A-OUT 的频率/kHz	基频幅度/V
0.2	
…	
3	
…	
3.4	
…	
5	
…	

根据上述表格数据，画出模拟抗混叠低通滤波器的幅频特性曲线。

思考　对于 3.4 kHz 的低通滤波器，为了更好地画出幅频特性曲线，可以如何调整信号源输入频率的步进值大小？

2. 测试 FIR 数字滤波器的幅频特性曲线

(1)模块关电，按表 1-4 所示进行连线。

表 1-4　实验 1.1 端口说明表 3

源端口	目标端口	连线说明
信号源：A-OUT	模块 M01：TH6(编码输入)	将信号送入数字滤波器

(2)模块开电，设置主控菜单，选择“主菜单”→“通信原理”→“抽样定理”→“FIR 滤波器”。调节“信号源”，使 A-OUT 输出频率为 5 kHz、峰峰值为 3 V 的正弦波。

(3)此时实验系统初始状态为：FIR 滤波器的输入信号是频率为 5 kHz、幅度为 3 V 的正弦波。

(4)实验操作及波形观测。

用示波器观测 TH13(译码输出)，以 100 Hz 的步进减小 A-OUT$^{主控\&信号源}$的频率。观测并记录译码输出频谱，将结果记入表 1-5 中。

表 1-5　译码器输出频谱

A-OUT 的频率/kHz	基频幅度/V
0.2	
…	
3	
…	
3.4	
…	
5	
…	

根据上述表格数据，画出 FIR 数字滤波器的幅频特性曲线。

思考　对于 3 kHz 的低通滤波器，为了更好地画出幅频特性曲线，可以如何调整信号源输入频率的步进值大小?

3. 分别利用上述两个滤波器对被抽样信号进行恢复，比较被抽样信号的恢复效果

(1)模块关电，按表 1-6 所示进行连线。

表 1-6　实验 1.1 端口说明表 4

源端口	目标端口	连线说明
信号源：MUSIC	模块 M01：TH1(被抽样信号)	提供被抽样信号
信号源：A-OUT	模块 M01：TH2(抽样脉冲)	提供抽样时钟
模块 M01：TH3(抽样输出)	模块 M01：TH8(LPF-IN)	送入模拟低通滤波器
模块 M01：TH3(抽样输出)	模块 M01：TH6(编码输入)	送入 FIR 数字滤波器

(2)模块开电，设置主控菜单，选择“主菜单”→“通信原理”→“抽样定理”→“FIR 滤波器”。调节 W1$^{主控\&信号源}$使信号 A-OUT 的输出峰峰值为 3 V 左右。

(3)此时实验系统初始状态为：待抽样信号 MUSIC 是 3 kHz+1 kHz 的正弦合成波，抽样时钟信号 A-OUT 是频率为 9 kHz、占空比为 20%的矩形波。

任务三　滤波器相频特性对抽样信号恢复的影响

概述：本任务通过改变抽样时钟频率，从时域和频域两个方面分别观测抽样信号经过

FIR 滤波器和 IIR 滤波器后的恢复失真情况，从而了解和探讨不同滤波器相频特性对抽样信号恢复的影响。

1. 观察抽样信号经过 FIR 滤波器与 IIR 滤波器后，所恢复信号的频谱

(1)模块关电，按表 1-7 所示进行连线。

表 1-7 实验 1.1 端口说明表 5

源端口	目标端口	连线说明
信号源：MUSIC	模块 M01：TH1(被抽样信号)	提供被抽样信号
信号源：A-OUT	模块 M01：TH2(抽样脉冲)	提供抽样时钟
模块 M01：TH3(抽样输出)	模块 M01：TH6(编码输入)	将信号送入数字滤波器

(2)模块开电，设置主控菜单，选择“主菜单”→“通信原理”→“抽样定理”。调节 W1[主控&信号源]使信号 A-OUT 的输出峰峰值为 3 V 左右。

(3)此时实验系统初始状态为：待抽样信号 MUSIC 是 3 kHz+1 kHz 的正弦合成波，抽样时钟信号 A-OUT 是频率为 9 kHz、占空比为 20%的矩形波。

(4)实验操作及波形观测。

①观测信号经过 FIR 滤波器后的波形恢复效果：设置主控模块菜单，选择“抽样定理”→“FIR 滤波器”；设置“信号源”使 A-OUT 输出的抽样时钟频率为 7.5 kHz；用示波器观测恢复信号 TH13(译码输出)的波形和频谱。

②观测信号经过 IIR 滤波器后的波形恢复效果：设置主控模块菜单，选择“抽样定理”→“IIR 滤波器”；设置“信号源”使 A-OUT 输出的抽样时钟频率为 7.5 kHz；用示波器观测恢复信号 TH13(译码输出)的波形和频谱。

③探讨被抽样信号经过不同滤波器恢复的频谱和时域波形：被抽样信号与经过滤波器后恢复的信号之间的频谱是否一致？如果一致，是否说明原始信号能够不失真地恢复出来？用示波器分别观测 FIR 滤波恢复和 IIR 滤波恢复情况下，译码输出的时域波形是否完全一致？如果波形不一致，是失真还是有相位的平移呢？如果相位有平移，观测并计算相位移动时间。

注：实际系统中，失真的现象不一定是错误的，实际系统中有这样的应用。

2. 观测相频特性

(1)模块关电，按表 1-8 所示进行连线。

表 1-8 实验 1.1 端口说明表 6

源端口	目标端口	连线说明
信号源：A-OUT	模块 M01：TH6(编码输入)	将信号送入数字滤波器

(2)模块开电，设置主控菜单，选择“主菜单”→“通信原理”→“抽样定理”→“FIR 滤波器”。

(3)此时系统初始实验状态为：A-OUT 是频率为 9 kHz、占空比为 20%的矩形波。

(4)实验操作及波形观测。

对比观测信号经过 FIR 滤波器后的相频特性：设置“信号源”使 A-OUT 输出频率为 5 kHz、峰峰值为 3 V 的正弦波；以 100 Hz 的步进减小 A-OUT 的输出频率，用示波器对比观测 A-OUT$^{主控\&信号源}$和 TH13(译码输出)的时域波形。相频特性测量就是改变信号的频率，测量输出信号的延时(时域上观测)。将结果记入表 1-9 中。

表 1-9　相频特性测量实验记录表

A-OUT 的频率/kHz	被抽样信号与恢复信号的相位延时/ms
3.5	
3.4	
3.3	
…	

五、实验报告

(1)分析电路的工作原理，叙述其工作过程。

(2)绘出所做实验的电路、仪表连接调测图，并列出所测各点的波形、频率、电压等有关数据，对所测数据做简要分析和说明。必要时借助计算公式进行推导。

(3)分析以下问题。滤波器的幅频特性是如何影响抽样信号恢复的？简述平顶抽样和自然抽样的原理及实现方法。

(4)实验步骤中采用 3 kHz +1 kHz 正弦合成波作为被抽样信号，而不是单一频率的正弦波，这会导致在实验过程中波形变化的观测上有什么区别？这样的设计对抽样定理理论和实际研究有什么意义？

实验 1.2　PCM 编译码

一、实验目的

(1)掌握脉冲编码调制与解调的原理。

(2)掌握脉冲编码调制与解调系统的动态范围和频率特性的定义及测量方法。

(3)了解脉冲编码调制信号的频谱特性。

二、实验器材

(1)主控 & 信号源、M01 模块各一块。

(2)双踪示波器一台。

(3)连接线若干。

三、实验原理

1. M01 模块的 PCM 编译码实验原理框图(见图 1-2)

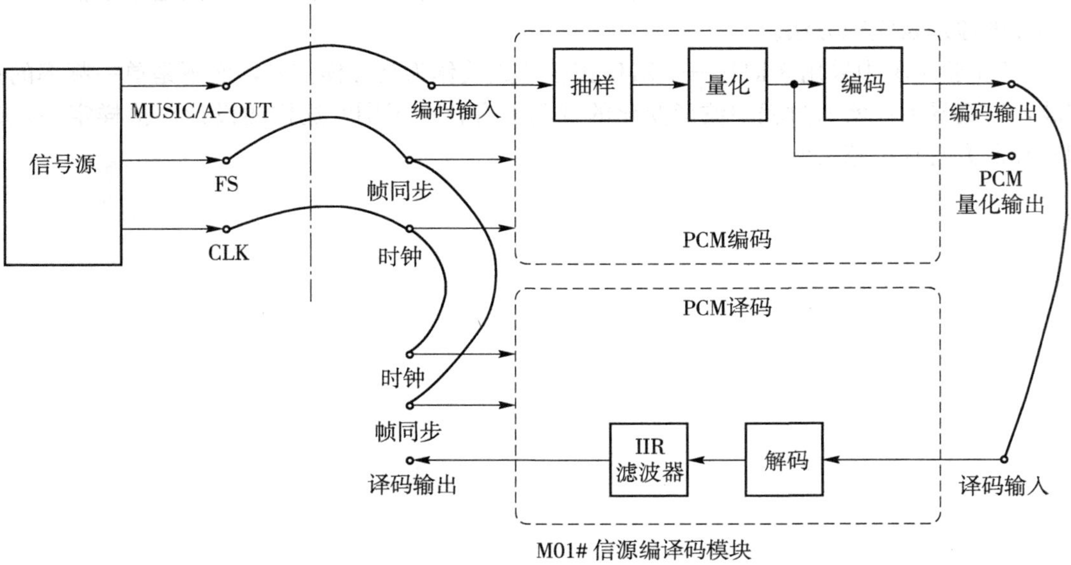

图 1-2　M01 模块的 PCM 编译码实验原理框图

2. 实验原理框图说明

图 1-2 中描述的是采用软件方式实现 PCM(脉冲编码调制，简称脉码调制)编译码，并展示中间变换的过程。PCM 编码过程是将音乐信号或正弦波信号先经抽样、量化，之后再进行编码，输出 PCM 码组。PCM 译码过程是 PCM 编码的逆向过程，不再赘述。

3. PCM 编码基本原理

模拟信号进行抽样后，其抽样值还是随信号幅度连续变化的，当这些连续变化的抽样值通过有噪声的信道进行传输时，接收端就不能对所发送的抽样进行准确的估值。如果发送端用预先规定的有限个电平来表示抽样值，且电平间隔比干扰噪声大，则接收端将有可能对所发送的抽样进行准确的估值，从而有可能消除随机噪声的影响。

PCM 是一种将模拟语音信号变换成数字信号的编码方式。PCM 编码原理框图如图 1-3 所示。

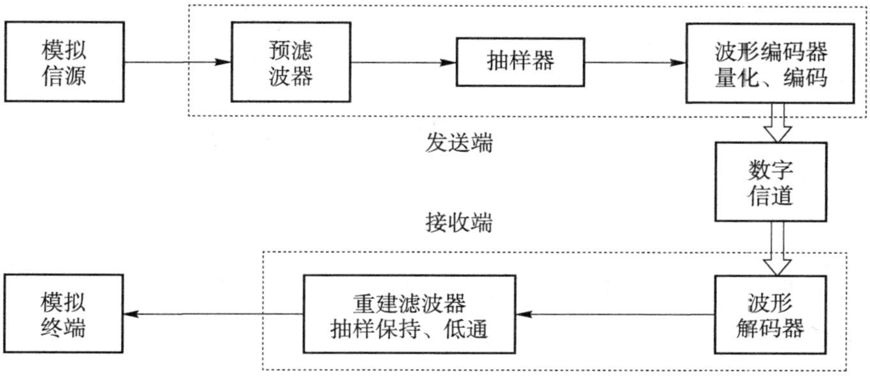

图 1-3　PCM 编码原理框图

PCM 编码主要分为抽样、量化与编码 3 个过程。抽样的功能是把时间连续的模拟信号转换成时间离散、幅度连续的抽样信号；量化的功能是把时间离散、幅度连续的抽样信号转换成时间离散、幅度离散的数字信号；编码的功能是将量化后的信号编码组成一个二进制码组并输出。国际标准化的 PCM 码组(电话语音)用 8 位码组代表一个抽样值。编码后的 PCM 码组经数字信道传输，在接收端用二进制码组重建模拟信号，在解调过程中，一般采用抽样保持电路。预滤波是为了把原始语音信号的频带限制在 300～3 400 Hz 范围内，所以预滤波会引入一定的频带失真。

在整个 PCM 系统中，重建信号的失真主要来源于量化以及信道传输误码，通常用信号与量化噪声的功率比，即信噪比 S/N 来表示。国际电信联盟电信标准分局(ITU-T)详细规定了它的指标，还规定比特率为 64 kbps，使用 A 律或 μ 律编码。图 1-3 详细描述了 PCM 编码的整个过程，由于抽样原理已在前面的实验中详细讨论过，故在此只讲述量化及编码的原理。

(1)量化。

从数学上来看，量化就是把一个连续幅值的无限数集映射成一个离散幅值的有限数集。如图 1-4 所示，量化器 Q 输出 L 个量化值 y_k，$k=1, 2, 3, \cdots, L$。y_k 常被称为重建电平或量化电平。当量化器输入信号幅度 x 落在 x_k 与 x_{k+1} 之间时，量化器的输出电平为 y_k。这个量化过程可以表示为：

图 1-4　模拟信号的量化

$$y=Q(x)=Q\{x_k<x\leqslant x_{k+1}\}=y_k(k=1, 2, 3, \cdots, L)$$

其中 x_k 称为分层电平或判决阈值。通常称 $\Delta_k(\Delta_k=x_{k+1}-x_k)$为量化间隔。

模拟信号的量化分为均匀量化和非均匀量化，这里先讨论均匀量化。把输入模拟信号的取值域按等距离分割的量化称为均匀量化。在均匀量化中，每个量化区间的量化电平均取各区间的中点，如图 1-5 所示。

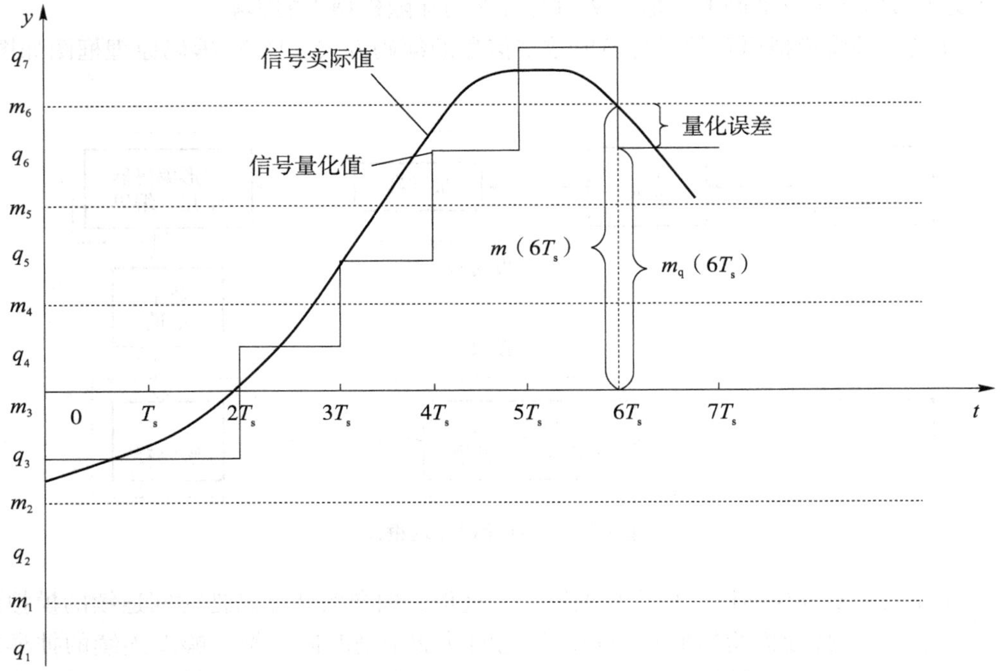

图 1-5　均匀量化过程示意图

其量化间隔(量化台阶)Δv 取决于输入信号的变化范围和量化电平数。当输入信号的变化范围和量化电平数确定后，量化间隔也被确定。例如，输入信号的最小值和最大值分别用 a 和 b 表示，量化电平数为 M，那么，均匀量化的量化间隔为：

$$\Delta v=\frac{b-a}{M}$$

量化器输出为：

$$m_q=q_i \quad (m_{i-1}<m\leqslant m_i)$$

式中 m_i 为第 i 个量化区间的中点，可写为：

$$m_i=a+i\Delta v$$

q_i 为第 i 个量化区间的量化电平，可表示为

$$q_i=\frac{m_i+m_{i-1}}{2} \quad (i=1，2，\cdots，M)$$

上述均匀量化的主要缺点是，无论抽样值大小如何，量化噪声的均方根值都固定不变。因此，当信号 $m(t)$较小时，信号量化噪声的功率比也就很小，这样，弱信号的量化信噪比就难以达到给定的要求。通常，把满足信噪比要求的输入信号取值范围定义为动态范围，可见，均匀量化时的信号动态范围将受到较大的限制。为了克服这个缺点，在实际应用中，

往往采用非均匀量化。

非均匀量化是根据信号的不同区间来确定量化间隔的。对于信号取值小的区间，其量化间隔 Δv 也小；反之，量化间隔就大。它与均匀量化相比，有两个突出的优点。首先，当输入量化器的信号具有非均匀分布的概率密度(实际中常常是这样)时，非均匀量化器的输出端可以得到较高的平均信噪比；其次，非均匀量化时，量化噪声功率的均方根值基本上与信号抽样值成比例。因此量化噪声对大、小信号的影响大致相同，即改善了小信号的量化信噪比。

在实际应用中，非均匀量化的实际方法通常是将抽样值先压缩再进行均匀量化。通常使用的压缩器中，大多采用对数式压缩。广泛采用的两种对数压缩律是 μ 律和 A 律。美国采用 μ 律，我国和欧洲各国均采用 A 律，因此，本实验模块采用的 PCM 编码方式也是 A 律。

所谓 A 律，是指压缩器具有如下特性的压缩律：

$$y=\frac{Ax}{1+\ln A}\left(0<X<\frac{1}{A}\right)$$

$$y=\frac{1+\ln Ax}{1+\ln A}\left(\frac{1}{A}\leqslant X<1\right)$$

A 律压缩特性是连续曲线，A 值不同，压缩特性亦不同，在电路上实现这样的函数规律是相当复杂的。在实际应用中，往往都采用近似于 A 律函数规律的 13 折线($A=87.6$)的压缩特性。这样，它基本保持了连续压缩特性曲线的优点，又便于用数字电路实现。图 1-6 展示了这种压缩特性。

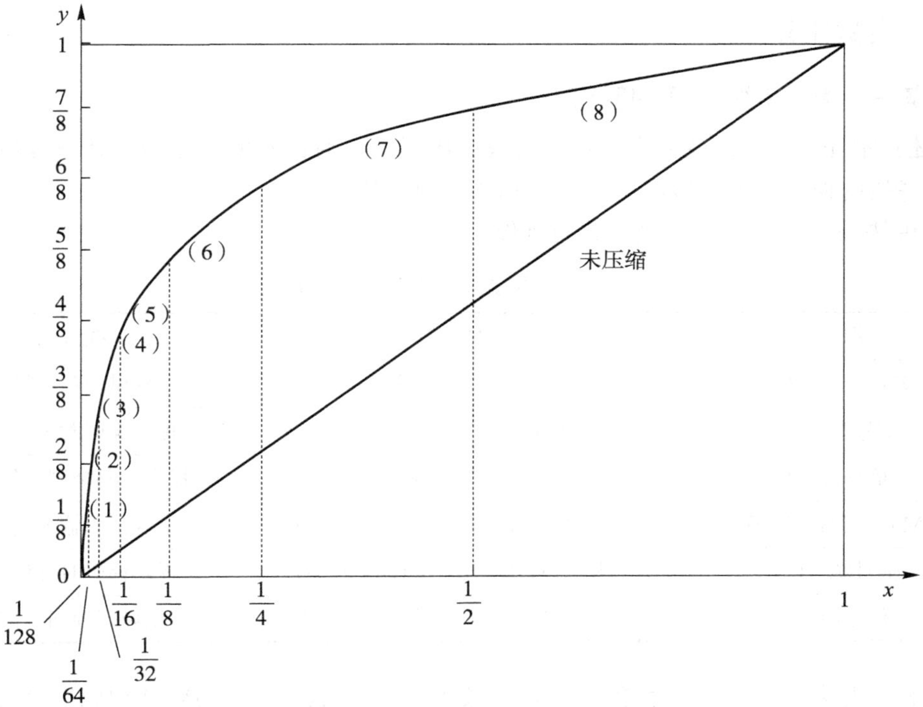

图 1-6　13 折线压缩特性图

表 1-10 列出了 A 律和 13 折线的比较。

表 1-10　A 律和 13 折线的比较

y	0	$\frac{1}{8}$	$\frac{2}{8}$	$\frac{3}{8}$	$\frac{4}{8}$	$\frac{5}{8}$	$\frac{6}{8}$	$\frac{7}{8}$	1
x	0	$\frac{1}{128}$	$\frac{1}{60.6}$	$\frac{1}{30.6}$	$\frac{1}{15.4}$	$\frac{1}{7.79}$	$\frac{1}{3.93}$	$\frac{1}{1.98}$	1
按折线分段时的 x	0	$\frac{1}{128}$	$\frac{1}{64}$	$\frac{1}{32}$	$\frac{1}{16}$	$\frac{1}{8}$	$\frac{1}{4}$	$\frac{1}{2}$	1

段落	1	2	3	4	5	6	7	8
斜率	16	16	8	4	2	1	$\frac{1}{2}$	$\frac{1}{4}$

表中第二行的 x 值是根据 $A=87.6$ 计算得到的，第三行的 x 值是 13 折线分段时 x 的值。可见，13 折线各段落的分界点与 $A=87.6$ 曲线十分逼近，同时 x 按 2 的幂次分割有利于数字化。

(2)编码。

所谓编码，就是把量化后的信号变换成二进制码，其相反过程称为译码。当然，这里的编码和译码与差错控制编码和译码是完全不同的，前者属于信源编码的范畴。

在现有的编码方法中，若按编码的速度来分，大致可分为两大类：低速编码和高速编码。在数字通信中一般采用高速编码方法。

四、实验任务

任务一　PCM 编码规则验证

概述：本任务通过改变输入信号幅度或编码时钟，对比观测 A 律 PCM 编译码和 μ 律 PCM 编译码的输入输出波形，从而了解 PCM 编码规则。

(1)模块关电，按表 1-11 所示进行连线。

表 1-11　实验 1.2 端口说明表 1

源端口	目的端口	连线说明
信号源：A-OUT	模块 M01：TH6(编码-输入)	提供音频信号
信号源：CLK	模块 M01：TH4(编码-时钟)	提供编码时钟信号
信号源：FS	模块 M01：TH5(编码-帧同步)	提供编码帧同步信号
模块 M01：TH7(编码-输出)	模块 M01：TH12(译码-输入)	接入译码输入信号
信号源：CLK	模块 M01：TH10(译码-时钟)	提供译码时钟信号
信号源：FS	模块 M01：TH11(译码-帧同步)	提供译码帧同步信号

(2)模块开电，设置主控菜单，选择"主菜单"→"通信原理"→"PCM 编码"→"A 律编码观测实验"。调节 $W1^{主控\&信号源}$ 使信号 A-OUT 的输出峰峰值为 3 V 左右。

(3)此时实验系统初始状态为：设置音频输入信号是峰峰值为 3 V、频率为 1 kHz 的正弦波；PCM 编码及译码时钟 CLK 为 64 kHz；编码及译码帧同步信号 FS 为 8 kHz。

(4)实验操作及波形观测。

①以 FS 为触发，观测编码输入信号，记录波形。

注：记录波形后不要调节示波器，因为正弦波的位置需要和编码输出的位置对应。

②在保持示波器设置不变的情况下，以 FS 为触发观察 PCM 量化输出波形并记录。

③以 FS 为触发，观察并记录 PCM 编码的 A 律编码输出波形，将结果填入表 1-12 中。

注：在整个过程中，保持示波器设置不变。

④通过主控中的模块设置，把 M01 模块设置为"PCM 编译码"→"μ 律编码观测实验"，重复步骤①～③。记录 μ 律编码相关波形并填入表 1-12 中。

表 1-12　PCM 编码规则验证实验记录表

	A 律波形	μ 律波形
帧同步信号		
编码输入信号		
PCM 量化输出信号		
PCM 编码输出信号		

⑤对比观察编码输入信号和译码输出信号。

思考 1　改变基带信号幅度时，波形是否发生变化？改变时钟信号频率时，波形是否发生变化？

思考 2　当编码输入信号的频率大于 3 400 Hz 或小于 300 Hz 时，分析脉冲编码调制和解调波形。

任务二　PCM 编码时序观测

概述：本任务从时序角度观察 PCM 编码输出波形。

(1)连线和主菜单设置同任务一。

(2)用示波器观察 FS 信号与编码输出信号，并记录二者对应的波形。

思考　为什么实验时观察到的 PCM 编码信号码型总是变化的？

五、实验报告

(1)分析实验电路的工作原理，叙述其工作过程。

(2)根据实验测试记录，画出各测量点的波形图，并分析实验现象(注意对应的相位关系)。

(3)对实验思考加以分析，做出回答。

实验 1.3　AMI 码型变换

一、实验目的

(1)了解几种常用的数字基带信号的特征和作用。

(2)掌握 AMI 码的编译码规则。

(3)了解滤波法位同步在码的变换过程中的作用。

(4)掌握误码测试仪的使用方法。

二、实验器材

(1)主控 & 信号源、2 号、M03、13 号、23 号模块各一块。

(2)双踪示波器一台。

(3)连接线若干。

三、实验原理

1. AMI 编译码实验原理框图(见图 1-7)

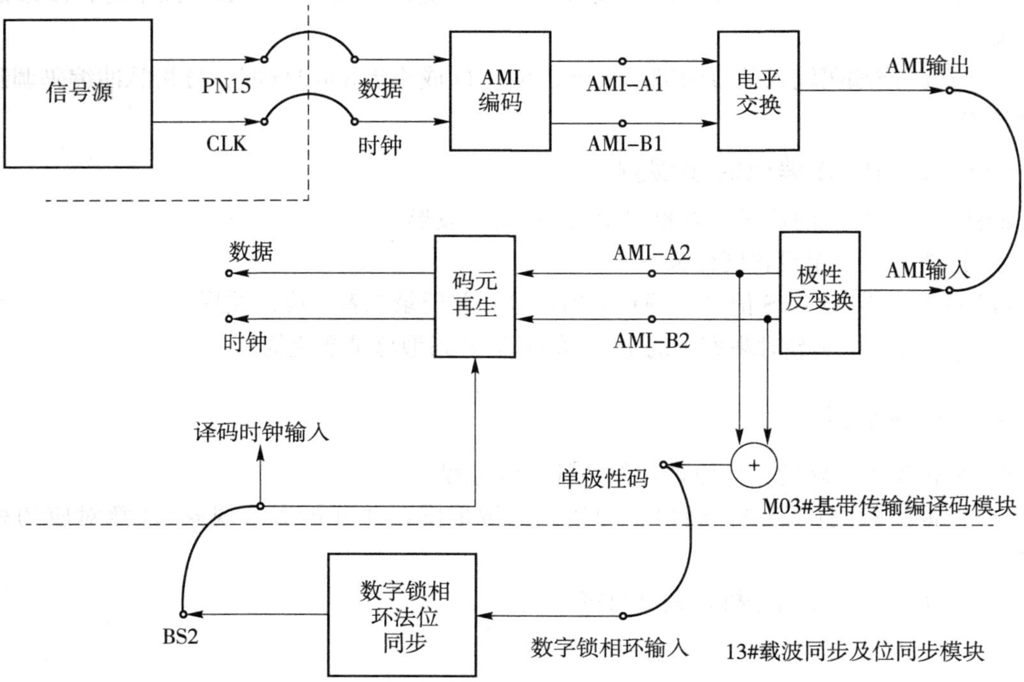

图 1-7　AMI 编译码实验原理框图

2. 实验原理框图说明

AMI(交替反转码)的编码规则是遇到 0 则输出 0，遇到 1 则交替输出+1 和−1。实验原理框图中的编码过程是将信号源经程序处理后，得到 AMI-A1 和 AMI-B1 两路信号，再通过电平交换电路进行变换，从而得到 AMI 编码波形。

AMI 译码只需将所有的±1 变为 1，0 变为 0 即可。实验原理框图中的译码过程是将 AMI 编码信号送入极性反变换电路，再通过码元再生，得到原始码元。

3. AMI 编码原理

AMI 的编码规则是：将信息码中的 1(传号)交替地变换为+1 和−1，而 0(空号)保持不变。

消息码：	1	0	0	1	0
AMI：	+1	0	0	−1	0
或	−1	0	0	+1	0

可将 AMI 看成单极性码的变形，即 0 仍对应零电平，而 1 交替对应正、负电平。

AMI 的优点：没有直流成分，且高、低频分量少，能量集中在频率为 1/2 码速处；编译码电路简单，且可利用传号极性交替这一规律观察误码情况。

AMI 的缺点：当原信码出现长的连“0”串时，信号的电平长时间不跳变，提取定时信号困难。解决连“0”问题的有效方法之一是采用 HDB3 码。

四、实验任务

任务一　AMI 编译码(归零码实验)

概述：本任务通过选择不同的数字信源，分别观测编码输入及时钟，译码输出及时钟，观察编译码延时以及验证 AMI 编译码规则。

(1)模块关电，按表 1-13 所示进行连线。

表 1-13　实验 1.3 端口说明表 1

源端口	目的端口	连线说明
信号源：PN	模块 M03：TH16(编码输入-数据)	基带信号输入
信号源：CLK	模块 M03：TH17(编码输入-时钟)	提供编码位时钟
模块 M03：TH19(AMI 编码输出)	模块 M03：TH26(AMI 译码输入)	将数据送入译码模块
模块 M03：TH23(单极性码)	模块 13：TH7(数字锁相环输入)	数字锁相环位同步提取
模块 13：TH5(BS2)	模块 M03：TH22(译码时钟输入)	提供译码位时钟

(2)模块开电，设置主控菜单，选择“主菜单”→“通信原理”→“AMI 编译码”→“归零码实验”。将模块 13 的开关 S3 分频设置拨为 0011，即提取 512 kHz 的同步时钟。

(3)此时系统初始状态为：编码输入信号为 256 kHz 的 PN 序列。

(4)实验操作及波形观测。

①用示波器分别观测编码输入的数据 TH16 和编码输出的数据 TH19(AMI 输出)，观察并记录波形，有数字示波器的可以观测编码输出信号频谱，验证 AMI 编码规则。

注：观察时注意码元的对应位置。

②保持示波器测量编码输入数据 TH16 的通道不变，另一通道测量中间测试点 TP6(AMI-A1)，观察基带码元的奇数位的变换波形。

③保持示波器测量编码输入数据 TH16 的通道不变，另一通道测量中间测试点 TP5(AMI-B1)，观察基带码元的偶数位的变换波形。

④用示波器分别观测模块 M03 的 TP6(AMI-A1)和 TP5(AMI-B1)，可从频域角度观察信号所含的 256 kHz 频谱分量情况；或用示波器减法功能观察 AMI-A1 与 AMI-B1 相减后的波形情况，并与 AMI 编码输出波形比较。

⑤用示波器对比观测编码输入的数据和译码输出的数据，观察并记录 AMI 译码波形与输入信号波形。

思考 译码过后的信号波形与输入信号波形相比延时多少?

⑥用示波器分别观测 TP8(AMI-A2)和 TP7(AMI-B2)，从时域或频域角度了解 AMI 经电平变换后的波形情况。

⑦用示波器分别观测模块 M03 的 TH19(AMI 输出)和 TH23(单极性码)，从频域角度观察双极性码和单极性码的 256 kHz 频谱分量情况。

⑧用示波器分别观测编码输入的时钟和译码输出的时钟，观察并比较恢复出的位时钟信号的波形与原始位时钟信号的波形。

任务二　AMI 编译码(非归零码实验)

概述：本任务通过观测 AMI 非归零码编译码相关测试点，了解 AMI 编译码规则。

(1)保持任务一的连线不变。

(2)模块开电，设置主控菜单，选择“主菜单”→“通信原理”→“AMI 编译码”→“非归零码实验”。将模块 13 的开关 S3 分频设置拨为 0100，即提取 256 kHz 的同步时钟。

(3)此时系统初始状态为：编码输入信号为 256 kHz 的 PN 序列。

(4)实验操作及波形观测。参照任务一的 256 kHz 归零码任务的步骤，进行相关测试。

任务三　AMI 对连“0”信号的编码、直流分量以及时钟信号提取观测

概述：本任务通过设置和改变输入信号的码型，观测 AMI 归零码编码输出信号中对长连“0”码信号的编码、含有的直流分量变化以及时钟信号的提取情况，进一步了解 AMI 的特性。

(1)模块关电，按表 1-14 所示进行连线。

表 1-14　实险 1.3 端口说明表 2

源端口	目的端口	连线说明
模块 2：TH6(DoutMUX)	模块 M03：TH16(编码输入-数据)	基带信号输入
模块 2：TH9(BSOUT)	模块 M03：TH17(编码输入-时钟)	提供编码位时钟
模块 M03：TH19(AMI 编码输出)	模块 M03：TH24(AMI 译码输入)	将数据送入译码模块

续表

源端口	目的端口	连线说明
模块 M03：TH23(单极性码)	模块 13：TH7(数字锁相环输入)	数字锁相环位同步提取
模块 13：TH5(BS2)	模块 M03：TH22(译码时钟输入)	提供译码位时钟

(2)模块开电，设置主控菜单，选择“主菜单”→“通信原理”→“AMI 编译码”→“归零码实验”。将模块 13 的开关 S3 分频设置拨为 0011，即提取 512 kHz 的同步时钟。将模块 2 的开关 S1、S2、S3、S4 全部置为 11110000，使 DoutMUX 输出码型中含有 4 个“0”相连的码型状态(也可以自行设置其他码值)。

(3)此时系统初始状态为：编码输入信号为 256 kHz 的 32 位拨码信号。

(4)实验操作及波形观测。

①观察含有长连“0”信号的 AMI 编码波形。用示波器观测模块 M03 的 TH16(编码输入-数据)和 TH12(AMI 编码输出)，观察信号中出现长连“0”时的波形变化情况。

注：观察时注意码元的对应位置。

②观察 AMI 编码信号中是否含有直流分量。将 2 号模块的 S1、S2、S3、S4 拨为 00000000、00000000、00000000、00000011，用示波器分别观测编码输入数据和编码输出数据、编码输入时钟和译码输出时钟。调节示波器，将信号耦合状况设置为交流，观察并记录波形。保持连线，拨码开关由 0 到 1 逐位拨起，直到 2 号模块的 S1、S2、S3、S4 拨为 00111111、11111111、11111111、11111111，观察拨码过程中编码输入数据和编码输出数据波形的变化情况。

③观察 AMI 编码信号所含时钟频谱分量。将 2 号模块的 S1、S2、S3、S4 全部置 0，用示波器先分别观测编码输入数据和编码输出数据，再分别观测编码输入时钟和译码输出时钟，观察并记录波形。再将 2 号模块的 S1、S2、S3、S4 全部置 1，观察并记录波形。

思考　数据和时钟是否能恢复？

注：有数字示波器的可以观测编码输出信号 FFT 频谱。

任务四　AMI 编译码电路传输性能测试

概述：本任务使用误码仪对 AMI 编译码电路传输性能进行测试，原理框图如图 1-8 所示。通过向系统插入误码，观测系统误码率的变化情况，掌握误码仪的使用。

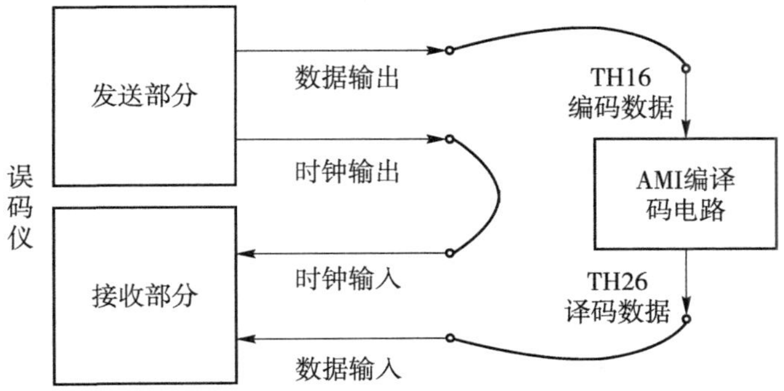

图 1-8　AMI 编译码电路传输性能测试原理框图

(1)模块关电，按表 1-15 所示进行连线。

表 1-15　实验 1.3 端口说明表 3

源端口	目的端口	连线说明
模块 23：TH1(数据输出)	模块 M03：TH16(编码输入-数据)	提供测试信号输入
模块 23：TH2(时钟输出)	模块 M03：TH17(编码输入-时钟)	提供编码位时钟
模块 M03：TH19(AMI 编码输出)	模块 M03：TH26(AMI 译码输入)	将数据送入译码模块
模块 M03：TH23(单极性码)	模块 13：TH7(数字锁相环输入)	数字锁相环位同步提取
模块 13：TH5(BS2)	模块 M03：TH22(译码时钟输入)	提供译码位时钟
模块 M03：TH26(译码输出-数据)	模块 23：TH3(数据输入)	将经过 AMI 电路的数据返回给误码仪
模块 23：TH2(时钟输出)	模块 23：TH4(时钟输入)	提供自环测试的时钟

(2)模块开电，设置主控菜单，选择“主菜单”→“通信原理”→“AMI 编译码”→“归零码实验”。将模块 13 的开关 S3 分频设置拨为 0011，即提取 512 kHz 的同步时钟。

(3)在主控模块上单击“主菜单”，回到主菜单界面，选择“误码仪”，进入误码仪界面。旋转主控模块的“选择/确认”旋钮，设置信号频率为 256 kHz，信号码型为类型 1。

旋转旋钮至“计时”一行，单击开始计时，主控显示屏上会实时显示误码数和误码率。

单击 23 号模块的 S1，插入误码(单击即可插入一个误码)，观察 23 号模块上误码、失锁和无数据状态指示灯的指示情况；观察系统的误码率的变化情况。

注：本任务也可以选择“非归零码”进行测试。

五、实验报告

(1)分析实验电路的工作原理，叙述其工作过程。

(2)根据实验测试记录，画出各测量点的波形图，并分析实验现象。

实验 1.4　HDB3 码型变换

一、实验目的

(1)了解几种常用的数字基带信号的特征和作用。
(2)掌握 HDB3 码的编译码规则。
(3)了解滤波法位同步在码的变换过程中的作用。

二、实验器材

(1)主控 & 信号源、2 号、M03、13 号、23 号模块各一块。
(2)双踪示波器一台。
(3)连接线若干。

三、实验原理

1. HDB3 编译码实验原理框图(见图 1-9)

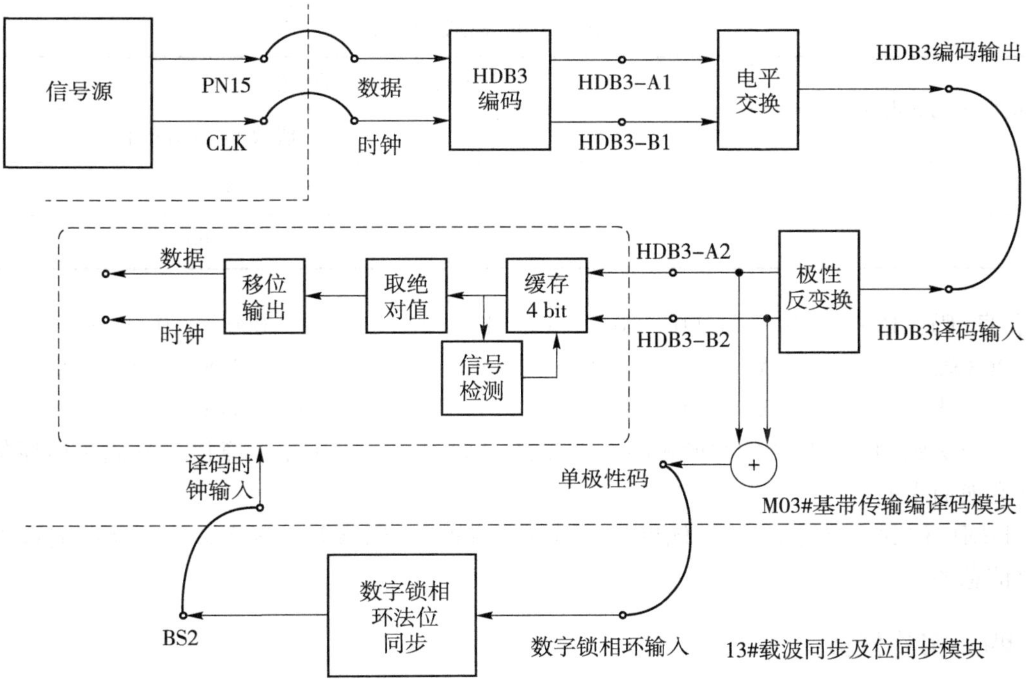

图 1-9　HDB3 编译码实验原理框图

2. 实验原理框图说明

AMI 的编码规则是遇到 0 则输出 0，遇到 1 则交替输出 +1 和 -1。而 HDB3 码(三阶高密度双极性码)的编码由于需要插入破坏位 B，因此，在编码时需要缓存 3 bit 的数据。当没有连续的 4 个 0 时，HDB3 与 AMI 编码规则相同。当连续出现 4 个 0 时，最后一个 0 变为传号 A，其极性与前一个 A 的极性相反。若该传号与前一个 1 的极性不同，则还要将这 4 个连“0”的第一个 0 变为 B，B 的极性与 A 的相同。实验原理框图中的编码过程是将信号源经程序处理后，得到 HDB3-A1 和 HDB3-B1 两路信号，再通过电平变换电路进行变换，从而得到 HDB3 编码波形。

AMI 译码时只需将所有的 ±1 变为 1，0 变为 0 即可。同样地，HDB3 译码只需找到传号 A，将传号和传号前的 3 个数都清 0 即可。传号 A 的识别方法是：该符号的极性与前一极性相同，该符号即为传号。实验原理框图中的译码过程是将 HDB3 码送入极性反变换电路，再通过译码处理，得到原始码元。

3. HDB3 编码原理

HDB3 码是 AMI 的一种改进，改进的目的是保持 AMI 的优点而克服其缺点，使连“0”的个数不超过 3 个。其编码规则如表 1-16 所示，将 4 个连“0”信息码用取代节 000V 或 B00V 代替，当两个相邻 V 码中间有奇数个信息 1 码时取代节为 000V；有偶数个(包括 0 个)信息 1 码时取代节为 B00V，其他的信息 0 码仍为 0 码，这样，信息码的 1 码变为有符号的 1 码，即 +1 或 -1。

表 1-16 HDB3 码编码规则

前面 1 码的极性	上次取代后 1 码的个数	
	奇数个 1	偶数个(包括 0 个)1
−	$000V_-$	B_+00V_+
+	$000V_+$	B_-00V_-

消 息 码：1000 0 1000 0 1 1 000 0 000 0 1 1

HDB3 码：+1000 +V -1000 -V +1 -1 +B00 +V -B00 -V +1 -1

或：-1000 -V +1000 +V -1 +1 -B00 -V +B00 +V -1 +1

其中，±V 脉冲和±B 脉冲波形相同，用 V 或 B 符号表示是为了示意该非 0 码是由原信码的 0 变换而来的。

HDB3 码除了具有 AMI 的优点外，同时还将连“0”码限制在 3 个以内，接收时能保证定时信息的提取。

四、实验任务

任务一　HDB3 编译码(256 kHz 归零码实验)

概述：本任务通过选择不同的数字信源，分别观测编码输入时钟、译码输出时钟，观察编译码延时以及验证 HDB3 编译码规则。

(1)模块关电，按表 1-17 所示进行连线。

表 1-17 实验 1.4 端口说明表 1

源端口	目的端口	连线说明
信号源：PN	模块 M03：TH16(编码输入-数据)	基带信号输入
信号源：CLK	模块 M03：TH17(编码输入-时钟)	提供编码位时钟
模块 M03：TH18(HDB3 输出)	模块 M03：TH25(HDB3 输入)	将数据送入译码模块
模块 M03：TH23(单极性码)	模块 13：TH7(数字锁相环输入)	数字锁相环位同步提取
模块 13：TH5(BS2)	模块 M03：TH22(译码时钟输入)	提供译码位时钟

(2)模块开电，设置主控菜单，选择“主菜单”→“通信原理”→“HDB3 编译码”→“归零码实验”。将模块 13 的开关 S3 分频设置拨为 0011，即提取 512 kHz 的同步时钟。

(3)此时系统初始状态为：编码输入信号为 256 kHz 的 PN 序列。

(4)实验操作及波形观测。

①用示波器分别观测编码输入的数据 TH16 和编码输出的数据 TH18(HDB3 输出)，观察并记录波形。有数字示波器的可以观测编码输出信号频谱，验证 HDB3 编码规则。

注：观察时注意码元的对应位置。

②保持示波器测量编码输入数据 TH16 的通道不变，另一通道测量中间测试点 TP4(HDB3-A1)，观察基带码元的奇数位的变换波形。

③保持示波器测量编码输入数据 TH16 的通道不变，另一通道测量中间测试点 TP3(HDB3-B1)，观察基带码元的偶数位的变换波形。

④用示波器分别观测模块 M03 的 TP4(HDB3-A1)和 TP3(HDB3-B1)，可从频域角度观察信号所含的 256 kHz 频谱分量情况；或用示波器减法功能观察 HDB3-A1 与 HDB3-B1 相减后的波形情况，并与 HDB3 编码输出波形比较。

⑤用示波器对比观测编码输入的数据和译码输出的数据，观察并记录 HDB3 译码波形与输入信号波形。

思考 译码过后的信号波形与输入信号波形相比延时多少?

⑥用示波器分别观测 TP9(HDB3-A2)和 TP10(HDB3-B2)，从时域或频域角度了解 HDB3 码经电平变换后的波形情况。

⑦用示波器分别观测模块 M03 的 TH25(HDB3 输入)和 TH23(单极性码)，从频域角度观察双极性码和单极性码的 256 kHz 频谱分量情况。

⑧用示波器分别观测编码输入时钟和译码输出时钟，观察比较恢复出的位时钟信号的波形与原始位时钟信号的波形。

任务二 HDB3 编译码(256 kHz 非归零码实验)

概述：本任务通过观测 HDB3 非归零码编译码相关测试点，了解 HDB3 编译码规则。

(1)保持任务一的连线不变。

(2)模块开电，设置主控菜单，选择“主菜单”→“通信原理”→“HDB3 编译码”→“非归零码实验”。将模块 13 的开关 S3 分频设置拨为 0100，即提取 256 kHz 的同步时钟。

(3)此时系统初始状态为：编码输入信号为 256 kHz 的 PN 序列。

(4)实验操作及波形观测。参照前面的 256 kHz 归零码实验任务的步骤，进行相关测试。

任务三　HDB3 码对连“0”信号的编码、直流分量以及时钟信号提取观测

概述：本任务通过设置和改变输入信号的码型，观测 HDB3 归零码编码输出信号中对长连“0”信号的编码、含有的直流分量变化以及时钟信号的提取情况，进一步了解 HDB3 码的特性。

(1)模块关电，按表 1-18 所示进行连线。

表 1-18　实验 1.4 端口说明表 2

源端口	目的端口	连线说明
模块 2：TH6(DoutMUX)	模块 M03：TH16(编码输入-数据)	基带信号输入
模块 2：TH9(BSOUT)	模块 M03：TH17(编码输入-时钟)	提供编码位时钟
模块 M03：TH18(HDB3 输出)	模块 M03：TH25(HDB3 输入)	将数据送入译码模块
模块 M03：TH23(单极性码)	模块 13：TH7(数字锁相环输入)	数字锁相环位同步提取
模块 13：TH5(BS2)	模块 M03：TH22(译码时钟输入)	提供译码位时钟

(2)模块开电，设置主控菜单，选择“主菜单”→“通信原理”→“HDB3 编译码”→“归零码实验”。将模块 13 的开关 S3 分频设置拨为 0011，即提取 512 kHz 的同步时钟。将模块 2 的开关 S1、S2、S3、S4 全部置为 11110000，使 DoutMUX 输出码型中含有 4 个连续的 0 的码型状态(自行设置其他码值也可)。

(3)此时系统初始状态为：编码输入信号为 256 kHz 的 32 位拨码信号。

(4)实验操作及波形观测。

①观察含有长连“0”信号的 HDB3 编码波形。用示波器观测模块 M03 的 TH16(编码输入-数据)和 TH18(HDB3 输出)，观察信号中出现长连“0”时的波形变化情况。

注：观察时注意码元的对应位置。

思考　HDB3 编码与 AMI 编码的波形有什么差别？

②观察 HDB3 编码信号中是否含有直流分量。将模块 2 的开关 S1、S2、S3、S4 分别拨为 00000000、00000000、00000000、00000011，用示波器分别观测编码输入数据和编码输出数据、编码输入时钟和译码输出时钟。调节示波器，将信号耦合状况置为交流，观察并记录波形。保持连线，拨码开关由 0 到 1 逐位拨起，直到模块 2 的拨码开关置为 00111111、11111111、11111111、11111111，观察拨码过程中编码输入数据和编码输出数据波形的变化情况。

思考　HDB3 码是否存在直流分量？

③观察 HDB3 编码信号所含时钟频谱分量。将模块 2 的开关 S1、S2、S3、S4 全部置 0，用示波器先分别观测编码输入数据和编码输出数据，再分别观测编码输入时钟和译码输出时钟，观察并记录波形。再将模块 2 的开关 S1、S2、S3、S4 全部置 1，观察并记录波形。

思考　数据和时钟是否能恢复？

注：有数字示波器的可以观测编码输出信号的 FFT 频谱。在恢复时钟方面 HDB3 码与 AMI 相比哪一个更好？比较不同输入信号时两种码型的时钟恢复情况并联系其编码信号频谱分析原因。

任务四 HDB3 编译码电路传输性能测试

概述：本任务使用误码仪对 HDB3 编译码电路的性能进行测试。其原理框图如图 1-10 所示，通过向系统插入误码，观察系统误码率的变化情况，掌握误码仪的使用。

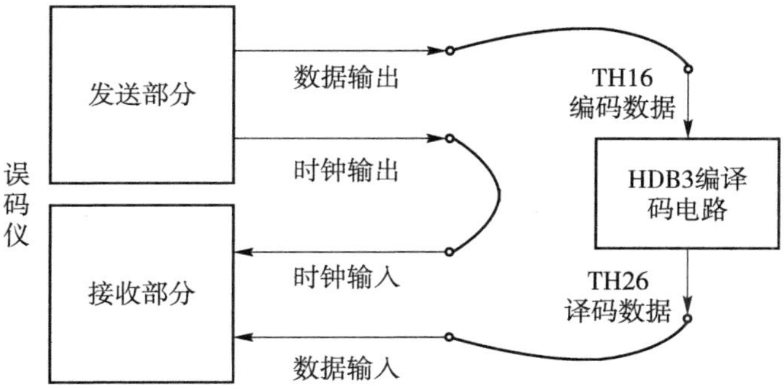

图 1-10 HDB3 编译码电路性能测试原理框图

(1)模块关电，按表 1-19 所示进行连线。

表 1-19 实验 1.4 端口说明表 3

源端口	目的端口	连线说明
模块 23：TH1(数据输出)	模块 M03：TH16(编码输入-数据)	提供测试信号输入
模块 23：TH2(时钟输出)	模块 M03：TH17(编码输入-时钟)	提供编码位时钟
模块 M03：TH18(HDB3 输出)	模块 M03：TH25(HDB3 输入)	将数据送入译码模块
模块 M03：TH23(单极性码)	模块 13：TH7(数字锁相环输入)	数字锁相环位同步提取
模块 13：TH5(BS2)	模块 M03：TH22(译码时钟输入)	提供译码位时钟
模块 M03：TH26(译码输出-数据)	模块 23：TH3(数据输入)	将经过 HDB3 编译码电路的数据返回给误码仪
模块 23：TH2(时钟输出)	模块 23：TH4(时钟输入)	提供自环测试的时钟

(2)模块开电，设置主控菜单，选择“主菜单”→“通信原理”→“HDB3 编译码”→“归零码实验”。将模块 13 的开关 S3 分频设置拨为 0011，即提取 512 kHz 的同步时钟。

(3)在主控模块上单击“主菜单”，回到主菜单界面，选择“误码仪”，进入误码仪界面。旋转主控模块的“选择/确认”旋钮，设置信号速率为 256 kHz，信号码型为类型 1。

旋转旋钮至“计时”一行，单击开始计时，主控显示屏上会实时显示误码数和误码率。

单击 S1，插入误码(单击为插入一个误码)，观察 23 号模块上误码、失锁和无数据状态指示灯的指示情况；观察系统的误码率变化情况。

注：本任务也可以选择“非归零码”进行测试。

五、实验报告

(1)分析实验电路的工作原理，叙述其工作过程。

(2)根据实验测试记录，画出各测量点的波形图，并分析实验现象。

实验 1.5 眼图观测

一、实验目的

(1)了解和掌握眼图的形成过程和意义。
(2)掌握通信系统中的眼图观测方法。
(3)掌握用眼图定性评价传输系统性能的方法。

二、实验器材

(1)主控 & 信号源、9 号模块各一块。
(2)双踪示波器一台。
(3)连接线若干。

三、实验原理

1. 眼图观测实验原理框图(见图 1-11)

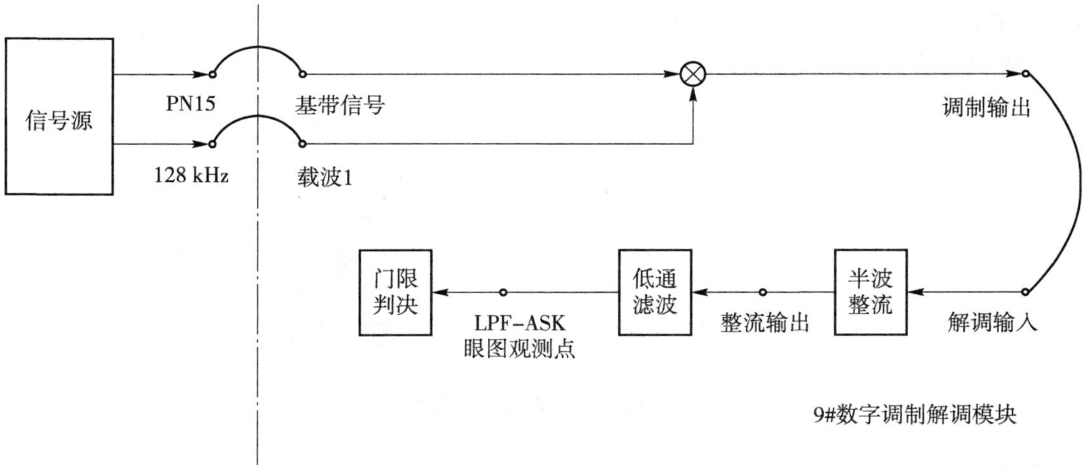

图 1-11 眼图观测实验原理框图

2. 实验原理框图说明

本实验以数字信号调制解调传输系统为例，进行数字调制解调过程中的眼图观测实验。如图 1-11 所示，系统主要由信号源、模拟相乘器、半波整流器以及低通滤波器组成；信号源提供的数字信号和模拟载波信号直接相乘，已调信号经过半波整流器传输后，再送入低通滤波器；通过示波器测试设备，以数字信号的同步位时钟为触发源，观测 LPF-ASK(TP5)测试点的波形，即眼图。

3. 眼图的基本概念及实验观察方法

所谓眼图，是指通过示波器观察接收端的基带信号波形，从而估计和调整系统性能的一种方法。它是一系列数字信号在示波器上累积而显示的图形。眼图包含了丰富的信息，反映的是系统链路上传输的所有数字信号的整体特征。利用眼图可以观察码间串扰和噪声的影响，分析眼图是衡量数字通信系统传输特性的简单且有效的方法。

(1)被测系统的眼图观测方法。

观测眼图的常用方法是以数字序列的同步时钟为触发源，使用示波器 YT 模式测量系统输出端，调节示波器水平扫描周期与接收码元的周期同步，则在屏幕中显示的图形即为眼图，如图 1-12 所示。

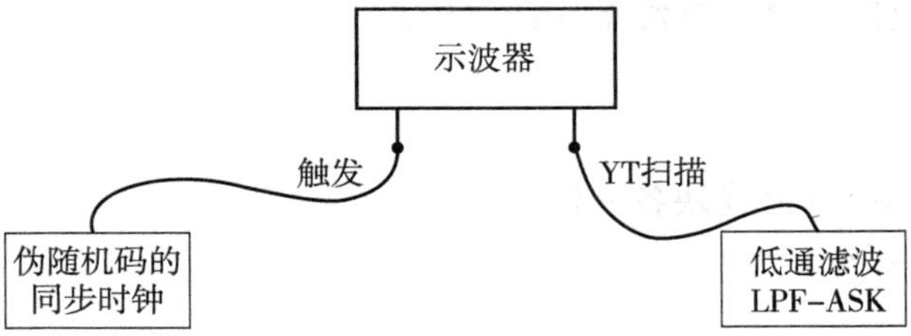

图 1-12　眼图观测方法框图

(2)眼图的形成示意图。

一个完整的眼图应该包含从 000 到 111 的所有状态组，且每个状态组发送时要尽量一致，否则有些信息将无法呈现在示波器屏幕上。

8 种状态的示意图如图 1-13 所示。

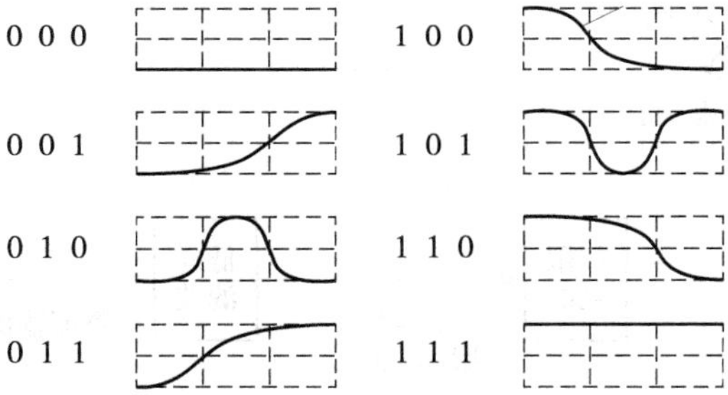

图 1-13　8 种状态的示意图

眼图合成示意图如图 1-14 所示。

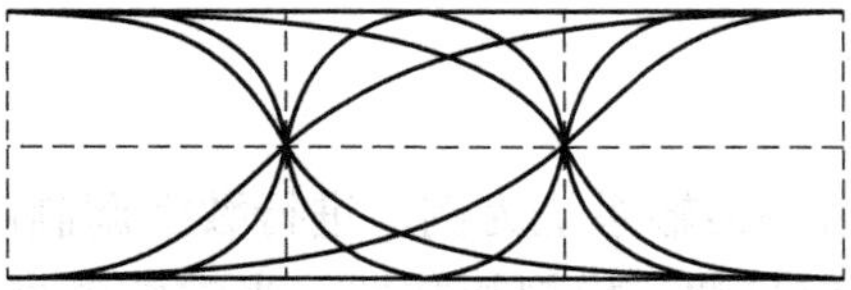

图 1-14　眼图合成示意图

一般在无串扰等影响的情况下从示波器上观测到的眼图与理论分析得到的眼图大致接近。

(3)眼图参数及系统性能。

眼图的垂直张开度表示系统的抗噪声能力，水平张开度反映过门限失真量的大小。眼图的张开度受噪声和码间干扰的影响，当光收端机输出端信噪比很大时，眼图的张开度主要受码间干扰的影响，因此观察眼图的张开度就可以估算出光收端机码间干扰的大小。眼图模型如图 1-15 所示。

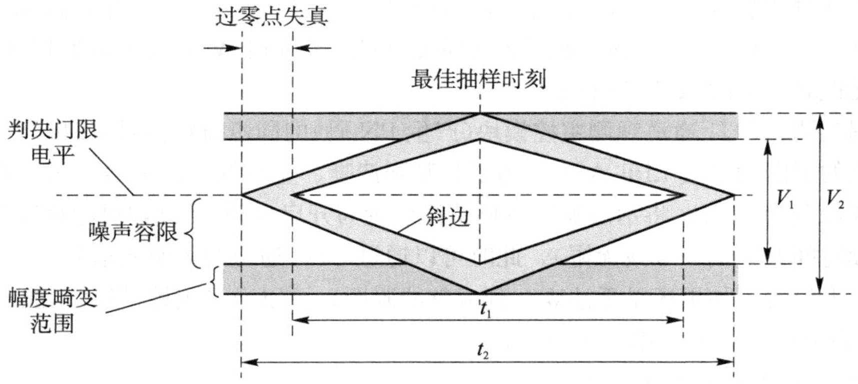

图 1-15　眼图模型

图中，垂直张开度 $E_0=\frac{V_1}{V_2}$；水平张开度 $E_1=\frac{t_1}{t_2}$。

从眼图中可以得到以下信息。

(1)最佳抽样时刻是“眼睛”张开最大的时刻。

(2)眼图斜边的斜率表示定时误差灵敏度。斜率越大，则对定时误差越敏感。

(3)在抽样时刻上，眼图上下两分支阴影区的垂直高度表示最大信号畸变。

(4)眼图中央的横轴位置对应于判决门限电平。

(5)在抽样时刻上，眼图上下两阴影区的间隔距离的一半为噪声容限，若噪声瞬时值超过它，就会出现错判。

(6)眼图倾斜分支与横轴相交的区域的大小，即为过零点失真的变动范围；对于利用信号零交点的平均位置提取定时信息的接收系统来说，它会影响定时信息的提取。

四、实验任务

任务一　眼图的波形观测

(1)模块关电，按表 1-20 所示进行连线。

表 1-20　实验 1.5 端口说明表 1

源端口	目的端口	连线说明
信号源：PN	模块 9：TH1(基带信号)	调制信号输入
信号源：128 kHz	模块 9：TH14(载波 1)	载波输入
模块 9：TH4(调制输出)	模块 9：TH7(解调输入)	解调信号输入

(2)模块开电，设置主控菜单，选择“主菜单”→“通信原理”→“ASK 数字调制解调”。将 9 号模块的 S1 拨为 0000。

(3)此时系统初始状态为：PN 序列的输出频率为 32 kHz，调节 128 kHz 载波信号的峰峰值为 3 V。

(4)实验操作及波形观测。

①分别观测调制输入和调制输出信号：以 9 号模块 TH1 为触发，用示波器同时观测 9 号模块 TH1 和 TH6，微调 ASK 解调端的判决门限调节旋钮 W1，使解调数据 TH6 恢复正常，建立无误码环境的 ASK 传输系统。

②眼图观测：CH1 通道观测主控模块(产生 PN 码)的同步时钟信号 CLK，CH2 通道观测 9 号模块的眼图输出点 LPF-ASK。为了观测到清晰、完整的眼图信号，可以将数字示波器的触发源设置为 CH1，将示波器的波形持续设置为开启(部分示波器可根据眼图效果，自由设置持续时间为 2 s、5 s 或无限)，此时可以通过 CH2 通道观测眼图信号。

基于以上设置，如果还是无法观察到完整的眼图，可以通过主控模块“功能 1”按键，将 PN 码设置为 PN127，码速率为 32 kbps。

任务二　眼图的定性分析

保持任务一的所有实验连线及设置不变，结合眼图模型定性理解如下信息。

①最佳抽样时刻。

②定时误差灵敏度。

③最大信号畸变。

④判决门限电平。

⑤噪声容限。

⑥过零点失真。

任务三　眼图的形成

保持任务一的所有实验连线及设置不变，观测基带数据的码型对眼图形成的影响。

①PN 码：选择主控模块“功能 1”按键，将 PN 码设置为 PN15 或者 PN127，结合实验原理部分的眼图合成的相关内容，对比这两种伪随机码型对眼图形成的影响。

②自定义数据。模块关电，按表 1-21 所示进行连线。

表 1-21　实验 1.5 端口说明表 2

源端口	目的端口	连线说明
模块 2：TH1(DoutMUX)	模块 9：TH1(基带信号)	调制信号输入
信号源：128 kHz	模块 9：TH14(载波 1)	载波输入
模块 9：TH4(调制输出)	模块 9：TH7(解调输入)	解调信号输入

模块开电，设置主控菜单，选择“主菜单”→“模块设置”→“数字终端 & 时分多址”。将速率设置为 32 kHz，即此时 2 号模块的数据速率为 32 kbps，数据码型由本模块的 S1～S4 4 个拨码开关决定(ON 位置为 1 码)。9 号模块的 S1 拨为 0000。

通过 CH1 通道观测 2 号模块的时钟信号 TH9(BSOUT)，通过 CH2 通道观测 9 号模块的眼图输出点 LPF-ASK，结合实验原理部分眼图合成的相关内容，当设置 TH1(DoutMUX)输出不同码型时，观测其对眼图形成的影响。

任务四　眼图对信道噪声的定性评估

(1)保持任务一的所有实验连线及设置不变，眼图对信道噪声的定性评估原理框图如图 1-16 所示。

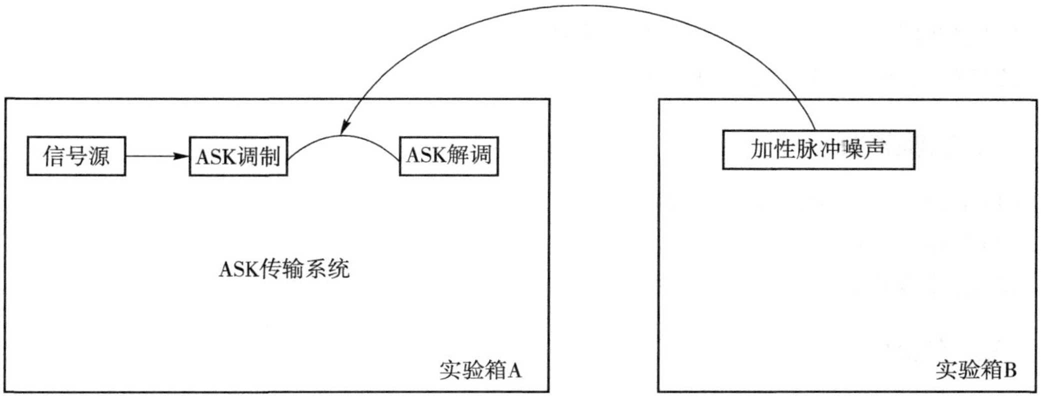

图 1-16　眼图对信道噪声的定性评估原理框图

(2)实验箱 A 的状态：微调 ASK 解调端的判决门限调节旋钮 W1，使解调数据 TH6 恢复正常，建立无误码环境的 ASK 传输系统。

(3)实验箱 A 与实验箱 B 的对接：利用实验导线连接本实验箱 9 号模块的 TH4(调制输出)端口和另一台实验箱上主控模块的 A-OUT 端口，以引入噪声源。利用导线连接两台实验箱上任意两个模块的 GND(如连接实验箱 A 的 2 号模块的 GND 和实验箱 B 的 13 号模块的 GND)以实现两箱共地。

(4)实验箱 B 模拟噪声的参数设置：实验箱 B 模块开电，设置主控菜单，选择“信号源”→“矩形波”。将频率设置为 8 kHz，占空比设置为 20%，幅度设置为 1 V，模拟信道中存在一个加性脉冲噪声。根据眼图的效果，脉冲噪声的参数可自由调整。

(5)噪声的定性评估：利用 CH1 通道观测实验箱 A 的时钟信号 CLK，利用 CH2 通道观测 9 号模块的眼图输出点 LPF-ASK，根据眼图的质量，定性分析噪声的大小。

五、实验报告

观测并记录眼图波形，测量和计算眼图的特性参数，评估系统性能。

实验 1.6 ASK 调制及解调

一、实验目的

(1)掌握用键控法产生 ASK 信号的方法。

(2)掌握 ASK 非相干解调的原理。

二、实验器材

(1)主控 & 信号源、9 号模块各一块。

(2)双踪示波器一台。

(3)连接线若干。

三、实验原理

1. ASK 调制及解调实验原理框图(见图 1-17)

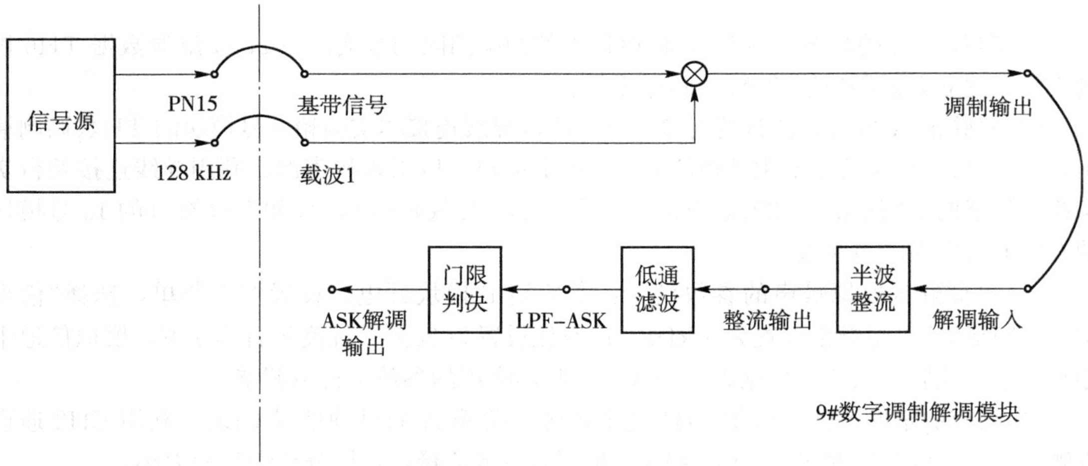

图 1-17 ASK 调制及解调实验原理框图

2. 实验框图说明

ASK(幅移键控)调制是将基带信号和载波直接相乘。已调信号经过半波整流、低通滤波后，通过门限判决电路解调出原始基带信号。

3. 2ASK 基本原理

ASK 利用载波的幅度变化来传递数字信息，而其频率和初始相位保持不变，2ASK(二进制幅移键控)信号的时域波形如图 1-18 所示。

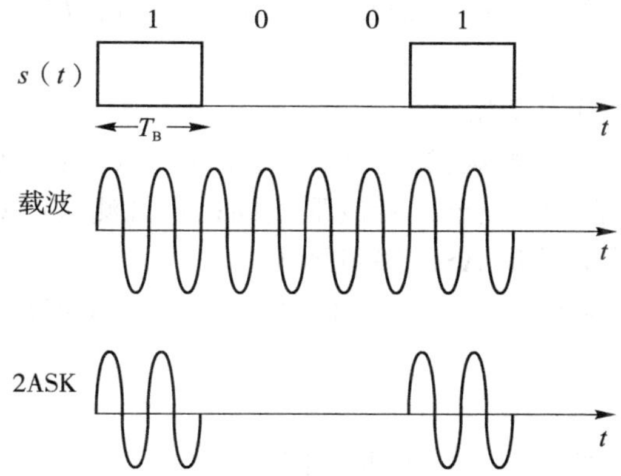

图 1-18 2ASK 信号的时域波形

2ASK 信号的一般表达式为：

$$e_{2ASK}(t)=s(t)\cos\omega_c t$$

四、实验任务

任务一 ASK 调制

概述：在 ASK 调制实验中，ASK 载波幅度是随着基带信号的变化而变化的。在本任务中，通过调节输入 PN 序列频率或者载波频率，对比观测基带信号波形与调制输出波形，观测每个码元对应的载波波形，验证 ASK 调制原理。

(1)模块关电，按表 1-22 所示进行连线。

表 1-22 实验 1.6 端口说明表

源端口	目的端口	连线说明
信号源：PN	模块 9：TH1(基带信号)	调制信号输入
信号源：128 kHz	模块 9：TH14(载波 1)	载波输入
模块 9：TH4(调制输出)	模块 9：TH7(解调输入)	解调信号输入

(2)模块开电，设置主控菜单，选择“主菜单”→“通信原理”→“ASK 数字调制解调”。将 9 号模块的 S1 拨为 0000。

(3)此时系统初始状态为：PN 序列的输出频率为 32 kHz，调节 128 kHz 载波信号的峰峰值为 3 V。

(4)实验操作及波形观测。

①分别观测调制输入和调制输出信号：以 9 号模块 TH1 为触发，用示波器同时观测 9 号模块 TH1 和 TH4，验证 ASK 调制原理。

②将 PN 序列的输出频率改为 64 kHz，观察载波个数是否发生变化。

任务二 ASK 解调

概述：本任务通过对比观测调制输入与解调输出，观察波形是否有延时现象，并验证

ASK 解调原理。观测解调输出的中间观测点，如 TP4(整流输出)、TP5(LPF-ASK)，深入理解 ASK 解调过程。

(1)保持任务一中的连线及初始状态。

(2)对比观测调制输入以及解调输出：以 9 号模块 TH1 为触发，用示波器同时观测 9 号模块 TH1 和 TH6，调节 W1 直至二者波形相同；再观测 TP4(整流输出)、TP5(LPF-ASK)两个中间过程测试点，验证 ASK 解调原理。

(3)以信号源的 CLK 为触发，观测 9 号模块 TP5(LPF-ASK)，观测眼图。

五、实验报告

(1)分析实验电路的工作原理，简述其工作过程。

(2)分析 ASK 调制解调原理。

实验 1.7　FSK 调制及解调

一、实验目的

(1)掌握用键控法产生 FSK 信号的方法。

(2)掌握 FSK 非相干解调的原理。

二、实验器材

(1)主控 & 信号源、9 号模块各一块。

(2)双踪示波器一台。

(3)连接线若干。

三、实验原理

1. FSK 调制及解调实验原理框图(见图 1-19)

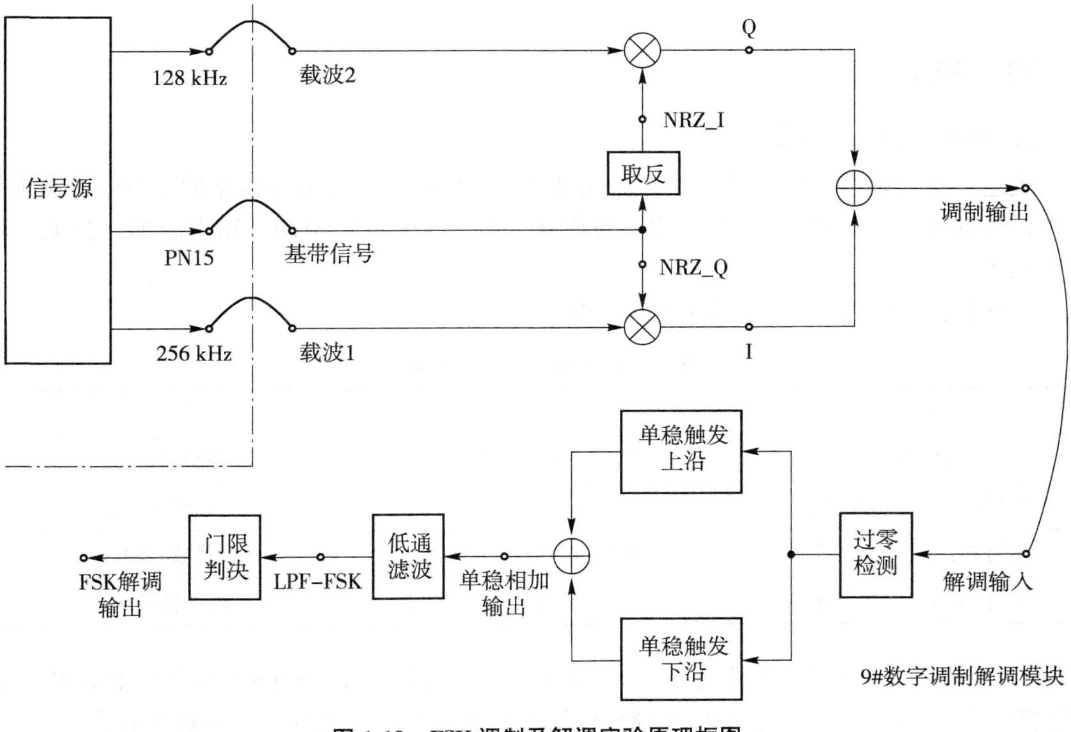

图 1-19　FSK 调制及解调实验原理框图

2. 实验原理框图说明

基带信号与一路载波相乘得到 1 电平的 ASK 调制信号，基带信号取反后再与二路载波相乘得到 0 电平的 ASK 调制信号，然后相加合成 FSK(频移键控)调制输出；已调信号经过过零检测识别信号中载波频率的变化情况，通过上、下沿单稳触发电路后再相加输出，最后经过低通滤波和门限判决，得到原始基带信号。

3. 2FSK 的基本原理

FSK 是利用载波的频率变化来传递数字信息的。2FSK(二进制频移键控)信号的时域波形如图 1-20 所示。2FSK 信号的一般表达式为：

$$e_{2FSK}(t)=s_1(t)\cos\omega_1 t+s_2(t)\cos\omega_2 t$$

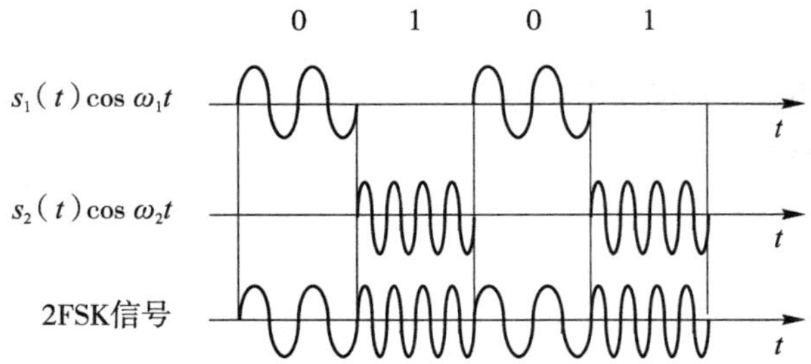

图 1-20　2FSK 信号的时域波形

四、实验任务

任务一　FSK 调制

概述：在 FSK 调制实验中，信号是用载波频率的变化体现被传信息的状态的。在本任务中，通过调节输入 PN 序列的频率，对比观测基带信号波形与调制输出波形，验证 FSK 调制原理。

(1)模块关电，按表 1-23 所示进行连线。

表 1-23　实验 1.7 端口说明表

源端口	目的端口	连线说明
信号源：PN	模块 9：TH1(基带信号)	调制信号输入
信号源：256 kHz(载波)	模块 9：TH14(载波 1)	载波 1 输入
信号源：128 kHz(载波)	模块 9：TH3(载波 2)	载波 2 输入
模块 9：TH4(调制输出)	模块 9：TH7(解调输入)	解调信号输入

(2)模块开电，设置主控菜单，选择“主菜单”→“通信原理”→“FSK 数字调制解调”。将 9 号模块的 S1 拨为 0000。调节信号源模块的 W2 使 128 kHz 载波信号的峰峰值为 3 V，调节 W3 使 256 kHz 载波信号的峰峰值也为 3 V。

(3)此时系统初始状态为：PN 序列的输出频率为 32 kHz。

(4)实验操作及波形观测。

①示波器 CH1 接 9 号模块 TH1(基带信号)，CH2 接 9 号模块 TH4(调制输出)，以 CH1 为触发，对比观测 FSK 调制输入及输出，验证 FSK 调制原理。

②将 PN 序列的输出频率改为 64 kHz，观察载波个数是否发生变化。

任务二　FSK 解调

概述： 在 FSK 解调实验中，采用非相干解调法对 FSK 调制信号进行解调。本任务通过对比观测调制输入与解调输出，观察波形是否有延时现象，并验证 FSK 解调原理。观测解调输出的中间观测点，如 TP6(单稳相加输出)、TP7(LPF-FSK)，深入理解 FSK 解调过程。

(1)保持任务一中的连线及初始状态。

(2)对比观测调制输入以及解调输出：以 9 号模块 TH1 为触发，用示波器分别观测 9 号模块 TH1 和 TP6(单稳相加输出)、TP7(LPF-FSK)、TH8(FSK 解调输出)，验证 FSK 解调原理。

(3)以信号源的 CLK 为触发，观测 9 号模块 TP7(LPF-FSK)，观测眼图。

五、实验报告

(1)分析实验电路的工作原理，简述其工作过程。

(2)分析 FSK 调制解调原理。

实验 1.8　BPSK 调制及解调

一、实验目的

(1)掌握 BPSK 调制和解调的基本原理。

(2)掌握 BPSK 数据传输过程，熟悉典型电路。

(3)熟悉 BPSK 调制载波包络的变化。

(4)掌握 BPSK 载波恢复特点与位定时恢复的基本方法。

二、实验器材

(1)主控 & 信号源、9 号、13 号、23 号模块各一块。

(2)双踪示波器一台。

(3)连接线若干。

三、实验原理

1. BPSK 调制及解调(9 号模块)实验原理框图(见图 1-21)

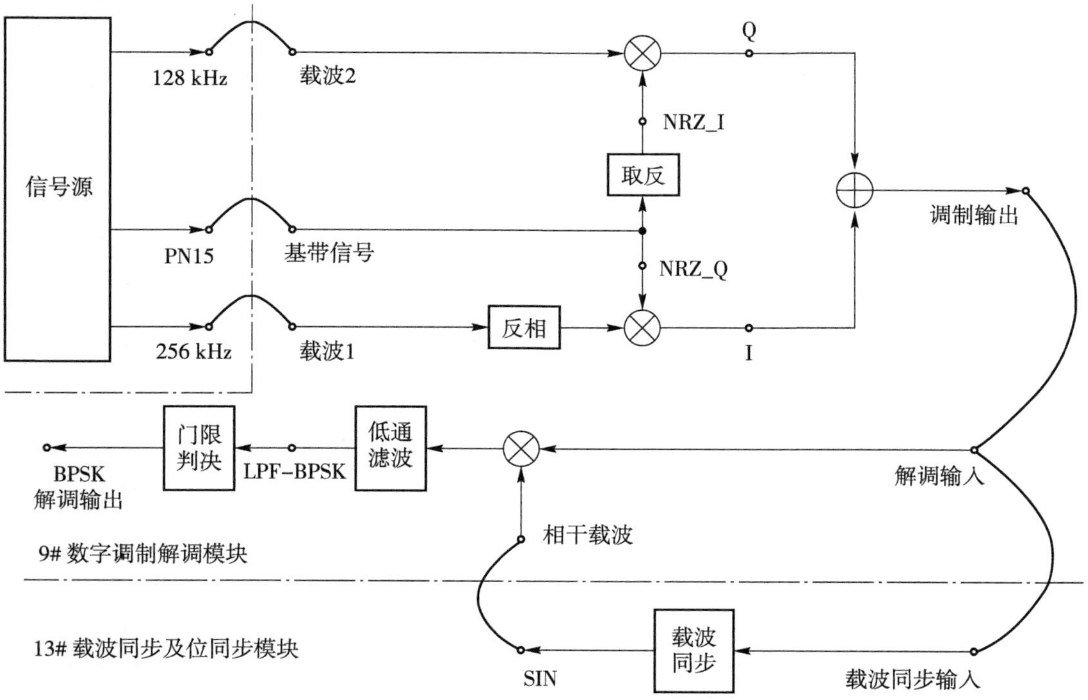

图 1-21　BPSK 调制及解调实验原理框图

2. 实验原理框图说明

基带信号的 1 电平和 0 电平信号分别与 256 kHz 载波及 256 kHz 反相载波相乘，叠加后得到 BPSK(双相移键控)调制输出；将已调信号送入 13 号模块的载波提取单元得到同步载波；已调信号与相干载波相乘后，经过低通滤波和门限判决，解调输出原始基带信号。

3. BPSK 基本原理

BPSK 是利用载波的相位变化来传递数字信息的，而振幅和频率保持不变。

BPSK 信号的时域波形如图 1-22 所示，时域表达式为：

$$e_{\mathrm{BPSK}}(t)=A\cos(\omega_1 t+\varphi_n)$$

式中，φ_n 表示第 n 个符号的绝对相位，即

$$\varphi_n=\begin{cases}0 & 发送“0”时\\ \pi & 发送“1”时\end{cases}$$

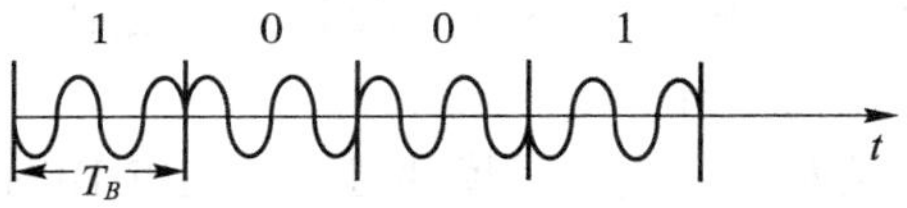

图 1-22　BPSK 信号的时域波形

四、实验任务

任务一　BPSK 调制信号观测(9 号模块)

概述：BPSK 调制实验中，信号是用相位相差 180°的载波变换来描述被传递的信息的。本任务通过对比观测基带信号波形与调制输出波形验证 BPSK 调制原理。

(1)模块关电，按表 1-24 所示进行连线。

表 1-24　实验 1.8 端口说明表 1

源端口	目的端口	连线说明
信号源：PN	模块 9：TH1(基带信号)	调制信号输入
信号源：256 kHz	模块 9：TH14(载波 1)	载波 1 输入
信号源：256 kHz	模块 9：TH3(载波 2)	载波 2 输入
模块 9：TH4(调制输出)	模块 13：TH2(载波同步输入)	载波同步模块信号输入
模块 13：TH1(SIN)	模块 9：TH10(相干载波输入)	用于解调的载波
模块 9：TH4(调制输出)	模块 9：TH7(解调输入)	解调信号输入

(2)模块开电，设置主控菜单，选择“主菜单”→“通信原理”→“BPSK/DBPSK 数字调制解调”。将 9 号模块的 S1 拨为 0000，调节信号源模块 W3 使 256 kHz 载波信号的峰峰值为 3 V。

(3)此时系统初始状态为：PN 序列的输出频率为 32 kHz。

(4)实验操作及波形观测。

①以 9 号模块 NRZ-I 为触发，观测 Q；

②以 9 号模块 NRZ-Q 为触发，观测 I；

③以 9 号模块基带信号为触发，观测调制输出。

思考 分析以上观测波形，分析其与 ASK 有何关系？

任务二　BPSK 解调观测(9 号模块)

概述：本任务通过对比观测基带信号波形与解调输出波形，观察是否有延时现象，并验证 BPSK 解调原理。观测解调输出的中间观测点 TP8(LPF-BPSK)，深入理解 BPSK 解调原理。

(1)保持任务一中的连线。将 9 号模块的 S1 拨为 0000。

(2)以 9 号模块的基带信号为触发，观测 13 号模块的 SIN，调节 13 号模块的 W1 使 SIN 的波形稳定，即恢复载波。

(3)以 9 号模块的基带信号为触发，观测 BPSK 解调输出，多次单击 13 号模块的“复位”按键，观测 BPSK 解调输出的变化。

(4)以信号源的 CLK 为触发，观测 9 号模块 TH8(LPF-BPSK)，观测眼图。

思考 BPSK 解调输出是否存在相位模糊的情况？如果存在，说明其原因。

任务三　BPSK 调制解调系统性能测试

概述：本任务使用误码仪对 BPSK 调制解调系统的传输性能进行测试，观测其误码率，掌握利用误码仪测试系统的方法。

(1)模块关电，按表 1-25 所示进行连线。

表 1-25　实验 1.8 端口说明表 2

源端口	目的端口	连线说明
模块 23：TH1(数据输出)	模块 9：TH1(基带信号)	调制信号输入
信号源：256 kHz	模块 9：TH14(载波 1)	载波 1 输入
信号源：256 kHz	模块 9：TH3(载波 2)	载波 2 输入
模块 9：TH4(调制输出)	模块 13：TH2(载波同步输入)	载波同步模块信号输入
模块 13：TH1(SIN)	模块 9：TH10(相干载波输入)	用于解调的载波
模块 9：TH4(调制输出)	模块 9：TH7(解调输入)	解调信号输入
模块 9：TH12(BPSK 解调输出)	模块 23：TH3(数据输入)	将经过 BPSK 系统的测试数据送回误码仪
模块 23：TH2(时钟输出)	模块 23：TH4(时钟输入)	提供自环测试时钟

(2)模块开电，设置主控菜单，选择“主菜单”→“通信原理”→“BPSK/DBPSK 数字调制解调”。将 9 号模块的 S1 拨为 0000，调节信号源模块 W3 使 256 kHz 载波信号的峰峰值为 3 V。

(3)在主控模块上单击“主菜单”，回到主菜单界面，选择“误码仪”，进入误码仪界面。旋转主控模块的“选择/确认”旋钮，设置信号速率为 32 kHz，信号码型为类型 1。

旋转旋钮至“计时”一行，单击开始计时，主控显示屏上会实时显示误码数和误码率。

单击 S1，插入误码，观测 23 号模块上误码、失锁和无数据状态指示灯的指示情况；观测系统的误码率变化情况。

(4)单击 13 号模块的 S5(复位)按键，观测系统的误码情况。

五、实验报告

(1)分析实验电路的工作原理，简述其工作过程。

(2)分析 BPSK 调制解调原理。

实验 1.9　DBPSK 调制及解调

一、实验目的

(1)掌握 DBPSK 调制和解调的基本原理。
(2)掌握 DBPSK 数据传输过程，熟悉典型电路。
(3)熟悉 DBPSK 调制载波包络的变化。

二、实验器材

(1)主控 & 信号源、9 号、13 号模块各一块。
(2)双踪示波器一台。
(3)连接线若干。

三、实验原理

1. DBPSK 调制及解调(9 号模块)实验原理框图(见图 1-23)

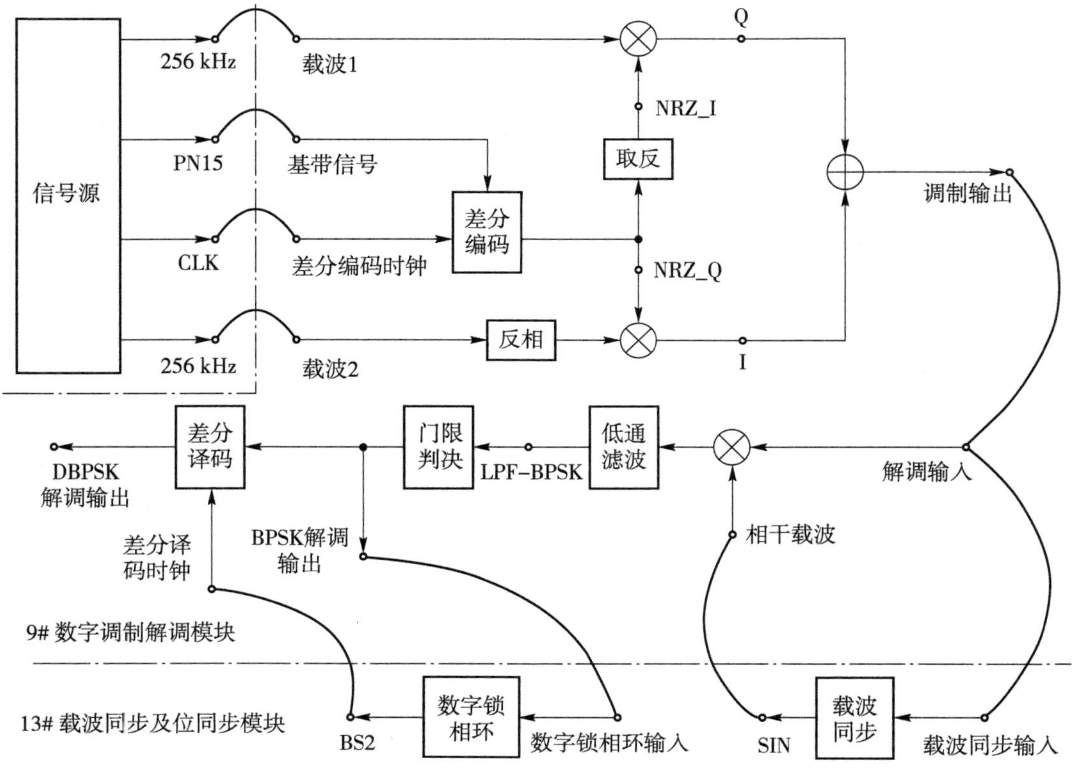

图 1-23　DBPSK 调制及解调实验原理框图

2. 实验原理框图说明

基带信号先经过差分编码得到相对码，再将相对码的 1 电平和 0 电平信号分别与 256 kHz 载波及 256 kHz 反相载波相乘，叠加后得到 DBPSK(差分二相相移键控)调制输出；将已调信号送入 13 号模块的载波提取单元得到同步载波；已调信号与相干载波相乘后，经过低通滤波和门限判决，解调输出原始相对码，最后经过差分译码恢复原始基带信号并输出。其中载波同步和位同步由 13 号模块完成。

3. DBPSK 基本原理

在传输信号中，BPSK 信号与 2ASK 及 2FSK 信号相比，具有较好的误码率性能，但是，在使用相干解调的 BPSK 信号传输系统中存在相位不确定性，并将造成接收码元 0 和 1 的颠倒，产生误码。为了保证 BPSK 不产生误码，将 BPSK 体制改进为 DBPSK。

假设 $\Delta\varphi$ 为当前码元与前一码元的载波相位差，则数字信息与 $\Delta\varphi$ 之间的关系可定义为

$$\Delta\varphi=\begin{cases}0 & \text{表示数字信息 1}\\ \pi & \text{表示数字信息 0}\end{cases}$$

DBPSK 信号调制过程波形图如图 1-24 所示。

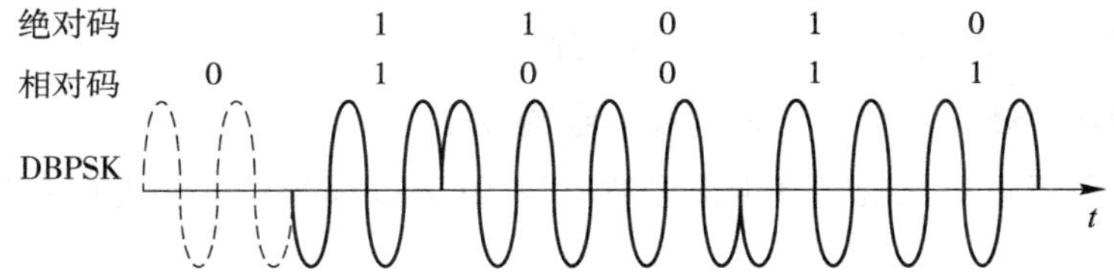

图 1-24　DBPSK 信号调制过程波形图

四、实验任务

任务一　DBPSK 调制信号观测(9 号模块)

概述：在 DBPSK 调制实验中，信号是用相位相差 180°的载波变换描述被传递的信息的。本任务通过对比观测基带信号波形与调制输出波形来验证 DBPSK 调制原理。

(1)模块关电，按表 1-26 所示进行连线。

表 1-26　实验 1.9 端口说明表

源端口	目的端口	连线说明
信号源：PN	模块 9：TH1(基带信号)	调制信号输入
信号源：256 kHz	模块 9：TH14(载波 1)	载波 1 输入
信号源：256 kHz	模块 9：TH3(载波 2)	载波 2 输入
信号源：CLK	模块 9：TH2(差分编码时钟)	调制时钟输入
模块 9：TH4(调制输出)	模块 13：TH2(载波同步输入)	载波同步模块信号输入
模块 13：TH1(SIN)	模块 9：TH10(相干载波输入)	用于解调的载波

续表

源端口	目的端口	连线说明
模块 9：TH4(调制输出)	模块 9：TH7(解调输入)	解调信号输入
模块 9：TH12(BPSK 解调输出)	模块 13：TH7(数字锁相环输入)	数字锁相环信号输入
模块 13：TH5(BS2)	模块 9：TH11(差分译码时钟)	用作差分译码时钟

(2)模块开电，设置主控菜单，选择“主菜单”→“通信原理”→“BPSK/DBPSK 数字调制解调”。将 9 号模块的 S1 拨为 0100，13 号模块的 S3 拨为 0111。

(3)此时系统初始状态为：PN 序列的输出频率为 32 kHz，调节信号源模块的 W3 使 256 kHz 载波信号的峰峰值为 3 V。

(4)实验操作及波形观测。

①以 9 号模块 NRZ-I 为触发，观测 Q；

②以 9 号模块 NRZ-Q 为触发，观测 I；

③以 9 号模块基带信号为触发，观测调制输出。

思考　分析以上观测波形，其与 ASK 有何关系？

任务二　DBPSK 差分信号观测(9 号模块)

概述：本任务通过对比观测基带信号波形与 NRZ-Q 输出波形，观察差分信号，验证差分变换原理。

(1)保持任务一中的连线。

(2)将 9 号模块的 S1 拨为 0100。

(3)以基带信号为触发，观测 NRZ-Q。记录波形，并分析差分编码规则。

任务三　DBPSK 解调观测(9 号模块)

概述：本任务通过对比观测基带信号波形与 DBPSK 解调输出波形，验证 DBPSK 解调原理。

(1)保持任务一中的连线。将 9 号模块的 S1 拨为 0100。

(2)以 9 号模块的基带信号为触发，观测 13 号模块的 SIN，调节 13 号模块的 W1 使 SIN 的波形稳定，即恢复载波。以 9 号模块的基带信号为触发，观测 DBPSK 解调输出，多次单击 13 号模块的“复位”按键，观测 DBPSK 解调输出的变化。

(3)以信号源的 CLK 为触发，观测 9 号模块的 LPF-BPSK，观测眼图。

五、实验报告

(1)分析实验电路的工作原理，简述其工作过程。

(2)通过实验波形，分析 DBPSK 调制解调原理。

实验 1.10　模拟乘法器调幅(AM、DSB、SSB)

一、实验目的

(1)掌握用集成模拟乘法器实现全载波调幅(AM)、抑制载波双边带调幅(DSB)和音频信号单边带调幅(SSB)的方法。

(2)研究已调波与调制信号以及载波信号的关系。

(3)通过实验对比 AM、DSB 和 SSB 的波形。

二、实验器材

(1)主控 & 信号源、T4 模块各一块。

(2)双踪示波器一台。

(3)连接线若干。

三、实验原理

1. T4 模块的调制原理框图(见图 1-25)

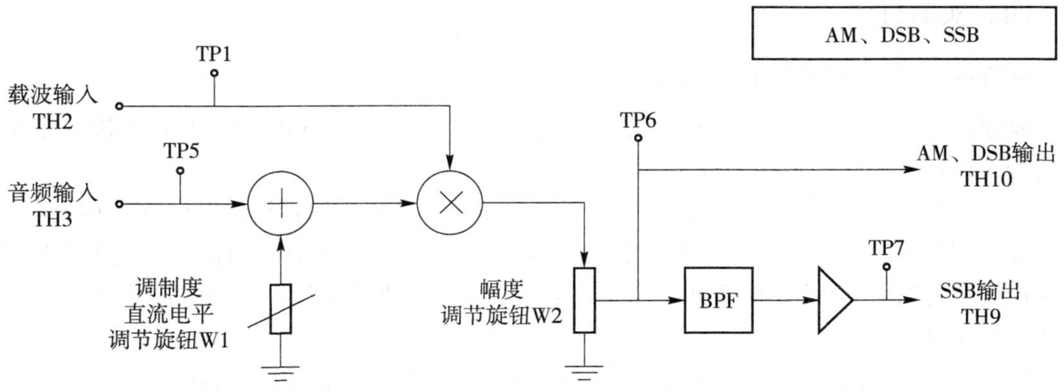

图 1-25　T4 模块的调制原理框图

2. T4 模块的调制功能说明

T4 模块采用 MC1496 完成模拟乘法器调幅功能，图 1-25 中的电位器 W1 用来调节 MC1496 引脚 1、4 之间的平衡电平，从而改变调制输出信号及调制度；电位器 W2 用来调节调制输出的信号幅度。AM、DSB 输出 TH10 为幅度调制输出端口；SSB 输出信号可由 DSB 信号经 BPF 带通滤波处理得到。注意，这里 BPF 采用的是中频 455 kHz 的陶瓷滤波。

3. 模拟乘法器调幅实验原理框图(见图 1-26)

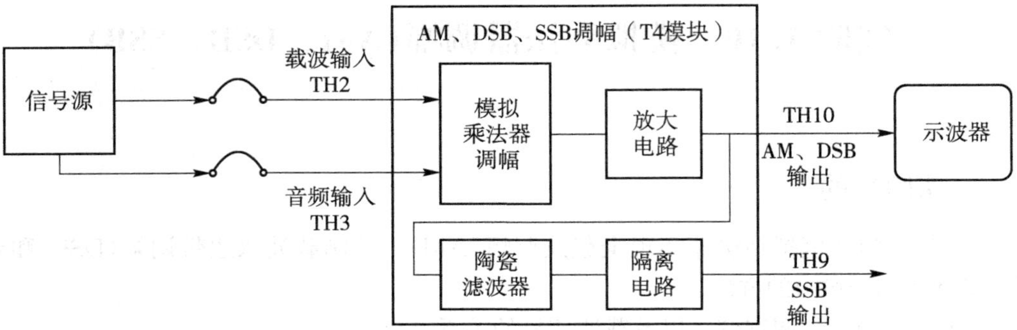

图 1-26 模拟乘法器调幅实验原理框图

4. 实验原理框图说明

该幅度调制实验所需的载波和音频信号，可由主控信号源模块提供。

例如，主控信号源模块的 A-OUT 提供 465 kHz 的正弦波作为载波，主控信号源模块的 MUSIC 提供 1 kHz+3 kHz 的正弦合成波(或者音频 1、音频 2)作为音频信号。

再如，主控信号源模块的 256 kHz 正弦波作为载波，主控信号源模块的 A-OUT 或者 MUSIC 作为音频信号。

实验时，也可自行选择合适的信源。

四、实验任务

任务一 抑制载波双边带调幅

概述：本任务以 256 kHz 正弦波作为载波、信号源模块 A-OUT 输出的正弦波作为音频信号为例进行操作，观察 DSB 调幅输出波形。

(1)设置主控菜单，选择“主菜单”→“通信原理”→“模拟乘法器调幅”→“DSB 调幅”。

(2)调节主控 & 信号源模块上的电位器 W3，使 256 kHz 正弦波的输出幅度为 2 V；设置主控模块的“信号源”功能菜单，并调节电位器 W1，使 A-OUT 输出幅度为 1 V、频率为 3 kHz 的正弦波。

(3)用连线将主控 & 信号源模块的 256 kHz 正弦波引入 T4 模块的载波输入 TH2。调节 T4 模块的电位器 W1，使测试点 TP6 的载波输出幅度最小，此时表明载波被抑制，抑制载波调幅波形如图 1-27 所示。

(4)将信号源模块的 A-OUT 信号引入 T4 模块的音频输入 TH3。

(5)用示波器观测测试点 TP6 输出的 DSB 信号，适当调节 T4 模块的电位器 W2 可改变输出信号幅度。

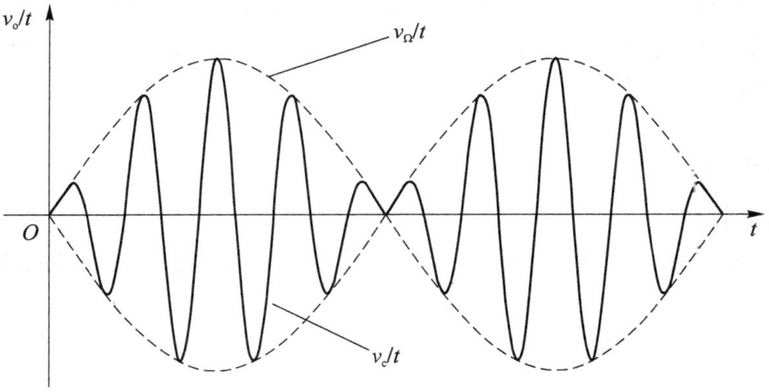

图 1-27　抑制载波调幅波形

任务二　全载波调幅

概述：本任务以 256 kHz 正弦波作为载波、信号源模块 A-OUT 输出的正弦波作为音频信号为例进行操作，全载波调幅输出波形如图 1-28 所示。

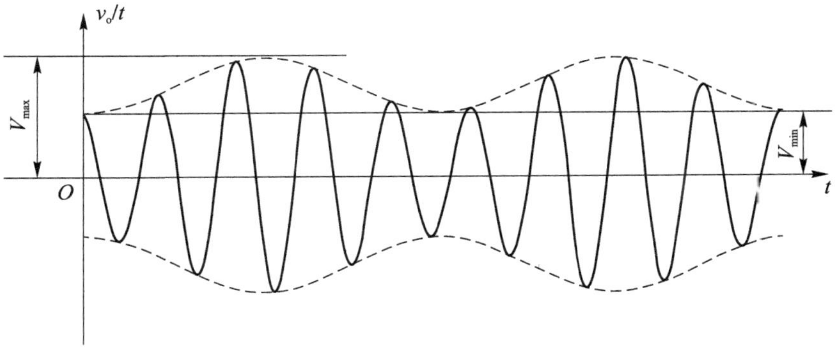

图 1-28　全载波调幅输出波形

保持任务一的连线不变，调节 T4 模块的电位器 W1，使载波不被抑制，再用示波器观察测试点 TP6，此时输出全载波调幅信号。适当调节 T4 模块的电位器 W1 和 W2，记下所测 DSB 调幅波对应的 V_{max} 和 V_{min}，计算调幅度 m。

任务三　抑制载波单边带调幅

概述：本任务以信号源模块的 A-OUT 输出的 465 kHz 正弦波作为载波、MUSIC 输出的 3 kHz＋1 kHz 正弦合成波作为音频信号为例进行操作，观察 SSB 调幅输出波形。

(1)设置主控菜单，选择“主菜单”→“通信原理”→“模拟乘法器调幅”→“SSB 调幅”。

(2)设置主控模块的“信号源”功能菜单，并调节电位器 W1，使 A-OUT 输出幅度为 2 V、频率为 465 kHz 的正弦波；使 MUSIC 输出 3 kHz＋1 kHz 的正弦合成波。

(3)用连线将主控 & 信号源模块的 A-OUT 输出信号引入 T4 模块的载波输入 TH2。调节 T4 模块的电位器 W1，使测试点 TP6 的载波输出幅度最小，此时表明载波被抑制。

(4)将信号源模块的 MUSIC 信号引入 T4 模块的音频输入 TH3。

(5)适当调节电位器 W2 改变信号幅度，用示波器观测测试点 TP7，即 SSB 输出 TH9 的抑制载波单边带调幅信号。

五、实验报告

(1)整理实验数据。

(2)比较全载波调幅、抑制载波双边带调幅及抑制载波单边带调幅之间的联系和区别。

实验 1.11　包络检波及同步检波

一、实验目的

(1)了解和掌握调幅波的解调方法：同步检波、二极管包络检波及三极管包络检波。
(2)了解检波失真现象的原因并思考克服失真的方法。

二、实验器材

(1)主控 & 信号源、T4 模块各一块。
(2)双踪示波器一台。
(3)连接线若干。

三、实验原理

1. 检波原理及说明

检波过程是一个解调过程，它与调制过程正好相反。检波器的作用是从振幅受调制的高频信号中还原出原调制信号。还原所得的信号与高频调幅信号的包络变化规律一致，故又被称为包络检波器。

假如输入信号是高频等幅信号，则输出就是直流电压。这是检波器的一种特殊情况，在测量仪器中应用得比较多。例如某些高频伏特计的探头，就采用了这种检波原理。

若输入信号是调幅波，则输出就是原调制信号。这种情况应用最广泛，如各种连续波工作的调幅接收机的检波器即属此类。

从频谱来看，检波就是将调幅信号频谱由高频搬移到低频，如图 1-29 所示(此图为单音频调制的情况)。检波过程也是应用非线性器件进行频率变换的，首先产生许多新频率，然后通过滤波器，滤除无用频率分量，取出所需要的原调制信号。

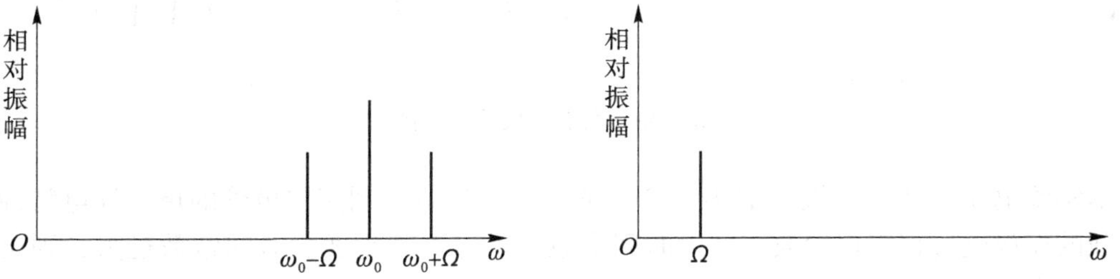

(a) 检波前　(b) 检波后

图 1-29　检波器检波前后的频谱

常用的检波方法有包络检波和同步检波两种。全载波振幅调制信号的包络直接反映了调制信号的变化规律，可以用二极管包络检波的方法进行解调。而抑制载波的双边带或单边带振幅调制信号的包络不能直接反映调制信号的变化规律，无法用包络检波进行解调，所以采用同步检波方法。

1)二极管包络检波的工作原理

当输入信号较大(大于0.5 V)时，利用二极管单向导电特性对振幅调制信号的解调，称为大信号检波。

大信号检波电路原理框图如图1-30(a)所示。检波的物理过程如下：在高频信号电压的正半周时，二极管正向导通并对电容器C充电，由于二极管的正向导通电阻很小，所以充电电流I_D很大，电容器上的电压V_C很快就接近高频电压的峰值。这个电压建立后通过信号源电路，又反向地加到二极管D的两端。这时二极管导通与否，由电容器C上的电压V_C和输入信号电压V_i共同决定。当高频信号的瞬时值小于V_C时，二极管处于反向偏置，二极管截止，电容器就会通过负载电阻R放电。由于放电时间常数τ_1($\tau=RC$)远大于调频电压的周期，故放电很慢。当电容器上的电压下降不多时，调频信号第二个正半周的电压又超过二极管上的负压，使二极管导通。如图1-30(b)中的t_1至t_2时间段为二极管导通的时间，在此期间又对电容器充电，电容器的电压又迅速接近第二个高频电压的最大值。图1-30(b)中的t_2至t_3时间段为二极管截止的时间，在此期间电容器又通过负载电阻R放电。这样不断地循环反复，就得到如图1-30(b)所示的电压V_C的波形图。因此只要充电很快，即充电时间常数τ_2($\tau_2=R_D \cdot C$)(R_D为二极管导通时的内阻)很小，而放电时间常数足够慢，即放电时间常数τ很大，满足$R_D \cdot C << RC$，就可使输出电压V_C的幅度接近于输入电压V_i的幅度，即传输系数接近1。另外，由于正向导电时间很短，放电时间常数又远大于高频电压周期(放电时V_C基本不变)，所以输出电压V_C的起伏是很小的，可看成与高频调幅波包络基本一致。而高频调幅波的包络又与原调制信号的形状相同，故输出电压V_C就是原来的调制信号，从而达到了解调的目的。

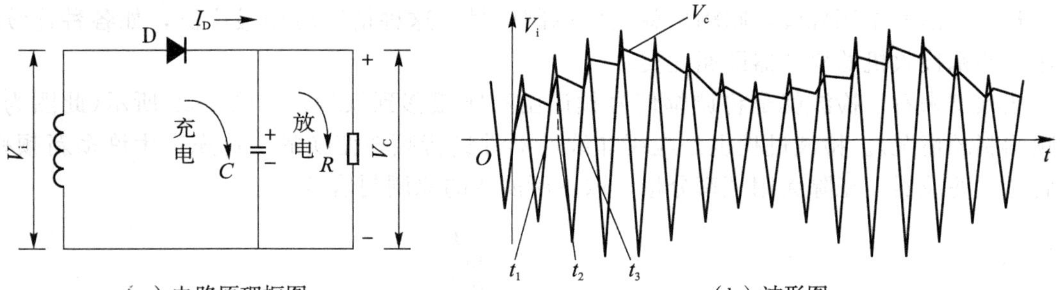

(a) 电路原理框图　　(b) 波形图

图1-30　大信号检波示意图

本实验电路主要由二极管D及RC低通滤波器组成，利用二极管的单向导电特性和检波负载的充放电过程实现检波，所以时间常数τ的选择很重要。时间常数过大，则会产生对角切割失真，又称惰性失真；时间常数过小，则高频分量会滤不干净。综合考虑要求τ满足下式：

$$\tau\Omega_{\max} \leqslant \frac{\sqrt{1-m_a^2}}{m_a}$$

其中，m为调幅系数，$\Omega_{\max}$为调制信号最高角频率。

当检波器的直流负载电阻 R 与交流音频负载电阻 R_Ω 不相等，且调幅度 m_a 又相当大时，会产生负峰切割失真(又称底边切割失真)。为了保证不产生负峰切割失真，应满足 $m_a<\frac{R_\Omega}{R}$。

2)三极管包络检波的工作原理

三极管放大器相当于一个单管乙类放大器(或是甲乙类)，给它一个很小的偏值电流，使电路有很小的输入信号，就进入放大区，输出一个较大的信号。但只有半周，因为输入的信号使本来就截止的三极管更加截止，没有被放大，也就没有输出，起到了高效检波的作用。但三极管检波的失真比二极管检波的大。

三极管检波电路有如下特点。

(1)与二极管检波相比，在失真系数相当的情况下，其检波效率大大提高，功率增益接近 0 db，而二极管检波的功率增益约为－20 db。

(2)输入阻抗高，由二极管检波的 1～2 kΩ 提高到 20 kΩ 左右，这可使 B2 次级匝数增大，有利于改善 AGC 的控制。

(3)因检波管 BG2 连接到发射极输出器，三极管检波电路的输出阻抗较小约为 500 Ω，只有二极管检波器的 1/3～1/2。输出阻抗小意味着其带负载能力增强，可以驱动更大功率的负载，提高电路的实用性。

(4)传输系数高，比二极管检波约大两三倍，这使末级中放管不容易产生阻塞现象。

本实验中 T4 模块上的 W4 是为了保证三极管包络检波的静态工作点处于合适的位置。

3)同步检波的原理

同步检波器用于对载波被抑制的双边带或单边带信号进行解调。它的特点是必须外加一个频率和相位都与被抑制的载波相同的同步信号。同步检波器的名称由此而来。同步检波器的原理框图如图 1-31 所示。

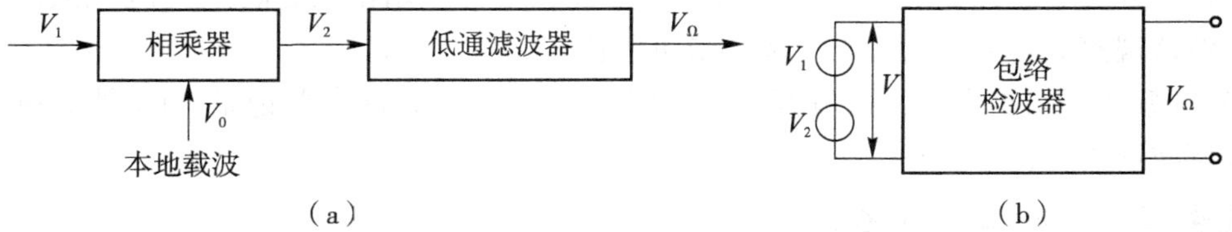

图 1-31　同步检波器的原理框图

同步检波器外加载波信号电压可以有以下两种方式。

一种是将外加载波信号电压与接收信号在检波器中相乘，经低通滤波器后检出原调制信号，如图 1-31(a)所示；另一种是将外加载波信号电压与接收信号相加，经包络检波器后取出原调制信号，如图 1-31(b)所示。

本实验选用乘积型检波器。设输入的已调波为载波分量被抑制的双边带信号 v_1，

$$v_1=V_1\cos\Omega t\cos\omega_1 t$$

本地载波电压

$$v_0=V_0\cos(\omega_0 t+\varphi)$$

本地载波的角频率 ω_0 等于输入信号载波的角频率 ω_1，即 $\omega_1=\omega_0$，但二者的相位可能不同；这里 φ 表示它们的相位差。

这时相乘输出(假定相乘器的传输系数为 1)

$$
\begin{aligned}
v_2 &= V_1V_0(\cos\Omega t\cos\omega_1 t)\cos(\omega_2 t+\varphi)\\
&= \frac{1}{2}V_1V_0\cos\varphi\cos\Omega t+\frac{1}{4}V_1V_0\cos[(2\omega_1+\Omega)t+\varphi]\\
&\quad +\frac{1}{4}V_1V_0\cos[(2\omega_1-\Omega)t+\varphi]
\end{aligned}
$$

低通滤波器滤除 $2\omega_1$ 附近的频率分量后，就得到频率为 Ω 的低频信号

$$v_\Omega=\frac{1}{2}V_1V_0\cos\varphi\cos\Omega t$$

由上式可见，低频信号的输出幅度与 φ 成正比。当 $\varphi=0$ 时，低频信号电压最大，随着相位差 φ 加大，输出电压减小。因此，在理想情况下，除本地载波与输入信号载波的角频率必须相等外，希望二者的相位也相同。

四、实验任务

任务一　二极管包络检波

(1)参照模拟乘法器调幅实验的具体内容，使 T4 模块产生实验所需的 AM 信号。

(2)将 T4 模块的 AM\DSB 输出端口接至该模块的二极管包络检波单元的输入 TH4 端口。

(3)将二极管包络检波单元中的开关 S1 拨为 10，开关 S2 拨为 00。调节 T4 模块的电位器 W1 改变调制度，将示波器接至 T4 模块的输出 TH12 端口(或者测试点 TP4)，观测检波输出波形。

(4)观察对角切割失真：适当调节调制信号的幅度，使 TP4 处的检波输出波形刚好不失真，再将开关 S1 拨为 01，开关 S2 拨为 00，检波负载电阻由 2.2 kΩ 变为 20 kΩ，在 TP4 处用示波器观察波形并记录，与上述波形进行比较。

(5)观察底部切割失真：设置开关 S2 拨码为 01 或 10，观察并记录 TP4 处的波形，与正常解调波形进行比较。

任务二　三极管包络检波

(1)参照模拟乘法器调幅实验的具体内容，使 T4 模块产生实验所需的 AM 信号。

(2)将 T4 模块的 AM\DSB 输出端口接至该模块的三极管包络检波单元的输入 TH8 端口。

(3)调节电位器 W4，用示波器观测输出 TH1 端口的检波恢复效果。

任务三　同步检波

(1)参照模拟乘法器调幅实验的具体内容，使 T4 模块产生实验所需的 AM 信号。

(2)将 T4 模块的 AM\DSB 输出端口接至该模块的同步检波单元的信号输入 TH6 端口。

(3)将调幅载波信号接至同步检波电路的载波输入 TH5 端口。

(4)适当调节电位器 W3，用示波器观测音频输出 TH7 端口的检波恢复效果。

同步检波电路图如图 1-32 所示。

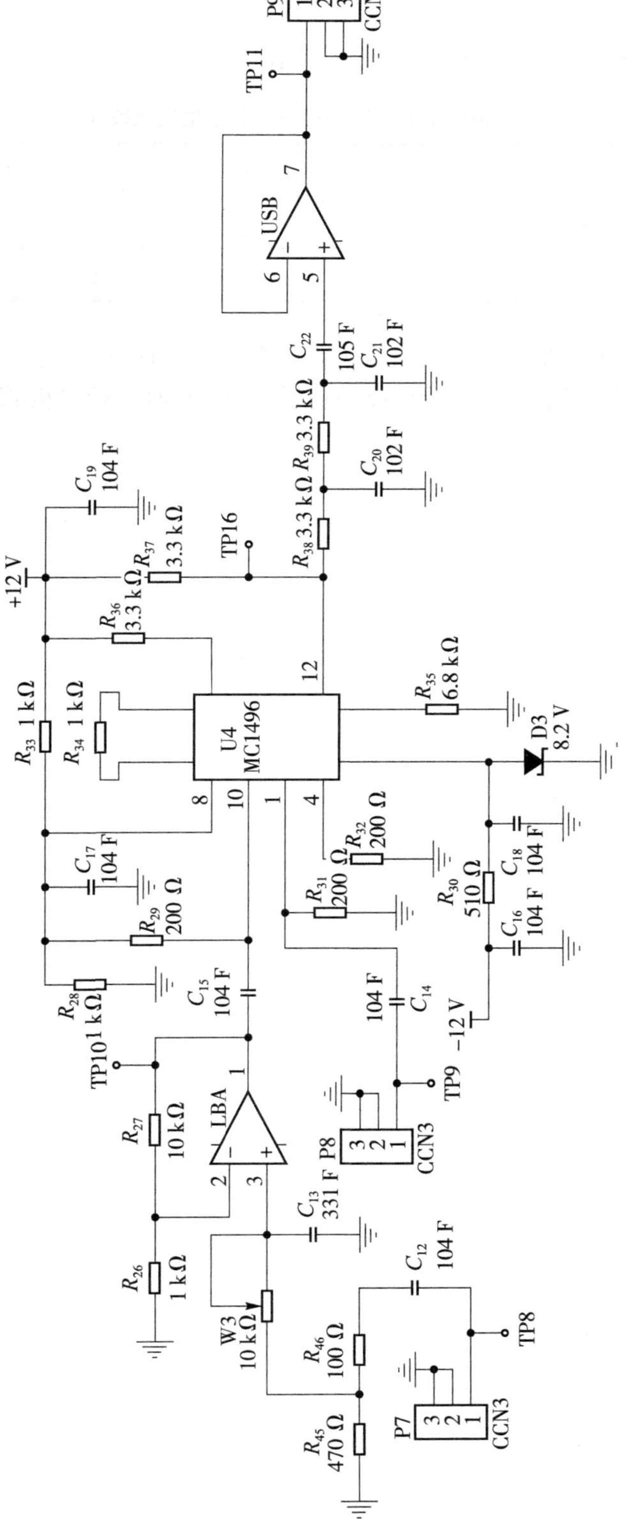

图 1-32　同步检波电路图

五、实验报告

(1)通过一系列检波实验，将结果填入表 1-27 中。

表 1-27　包络检波及同步检波实验结果记录表

输入的调幅波波形	$m<30\%$	$m=100\%$	抑制载波调幅波
二极管包络检波器输出波形			
同步检波输出波形			

(2)观察对角切割失真和底部切割失真现象并分析其产生原因。

(3)从工作频率上限、检波线性以及电路复杂性 3 个方面比较二极管包络检波和同步检波。

实验 1.12　时分复用与解复用

一、实验目的

(1)掌握时分复用与解复用的概念及工作原理。
(2)了解时分复用与解复用在整个通信系统中的作用。

二、实验器材

(1)主控 & 信号源、2 号、M01、M03、13 号模块各一块。
(2)双踪示波器一台。
(3)连接线若干。

三、实验原理

1. 时分复用和解复用实验原理框图(见图 1-33 和图 1-34)

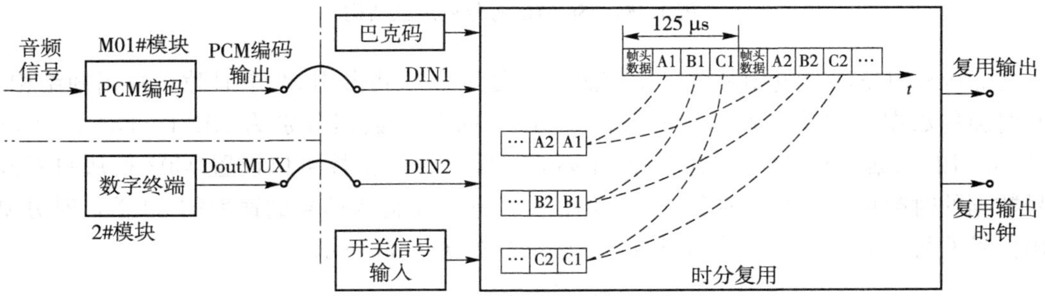

图 1-33　时分复用实验原理框图

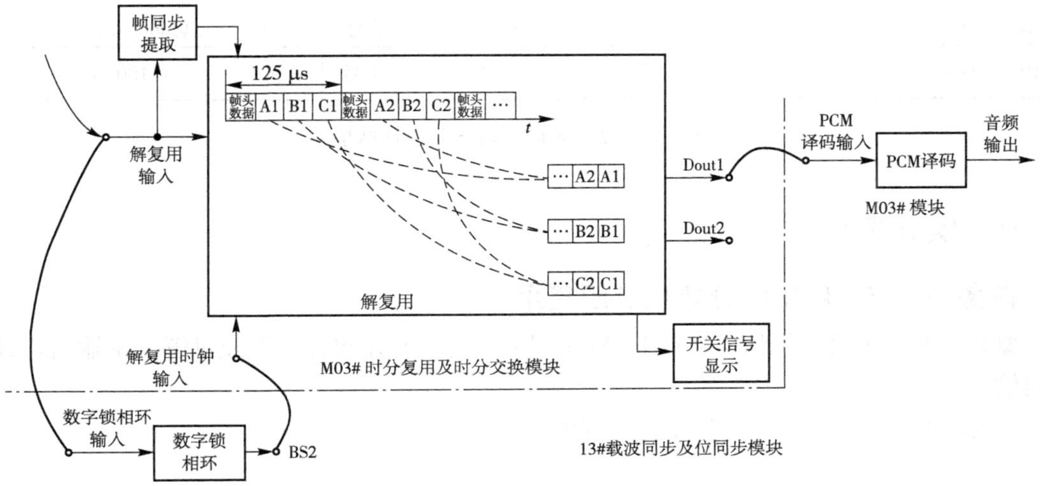

图 1-34　解复用实验原理框图

注： 框图中 M01#和 2#模块的相关连线有所省略，具体连线参考实验步骤所述。

2. 实验原理框图说明

M01 模块的 PCM 数据和 2 号模块的数字终端数据，经过 M03 模块进行 256 kHz 时分复用和解复用后，再送入相应的 PCM 译码单元和 2 号终端模块。时分复用是将整个信道传输信息的时间划分为若干时隙，并将这些时隙分配给每个端口的信号源进行使用。解复用的过程是先提取帧同步，然后将一帧数据缓存下来，接着按时隙将帧数据解开，最后每个端口获取自己时隙的数据进行输出。

在 256 kHz 时分复用及解复用模式下，复用数据共占用 4 个时隙，复用帧结构为：第 0 时隙是巴克码帧头、第 1～3 时隙是数据时隙，其中第 1 时隙输入的是数字信号源，第 2 时隙输入的是 PCM 数据，第 3 时隙由 M03 模块自带的开关信号作为数据。此时时分复用输出信号的速率是输入信号的速率的 4 倍，时分复用输出信号的每一帧由 32 位数据组成。其帧结构如图 1-35 所示。

图 1-35　256 kHz 时分复用帧结构

在 2 048 kHz 时分复用及解复用模式下，复用数据共占用 32 个时隙，复用帧结构为：第 0 时隙的数据为巴克码帧头，第 1、2、3、4 时隙的数据分别为 DIN1、DIN2、DIN3、DIN4 端口的数据，开关信号初始分配在第 5 时隙，通过主控可以设置 M03 模块自带开关信号数据的时隙位置。此时时分复用输出信号的速率是输入信号的速率的 32 倍，时分复用输出信号的每一帧由 256 位数据组成。其帧结构如图 1-36 所示。

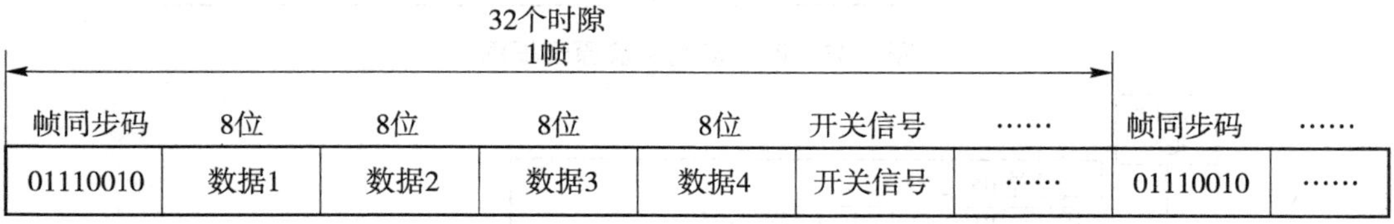

图 1-36　2 048 kHz 时分复用帧结构

四、实验任务

任务一　256 kHz 时分复用及解复用

概述： 本任务将模拟信号通过 PCM 编码后，送到复用单元，再经过解复用输出，最后译码输出。

(1)模块关电，按表 1-28 所示进行连线。

表 1-28　实验 1.12 端口说明表

源端口	目的端口	连线说明
信号源：FS	模块 M03：TH5(FSIN)	帧同步输入
信号源：FS	模块 M01：TH5(编码帧同步)	
信号源：CLK	模块 M01：TH4(编码时钟)	位同步输入
信号源：A-OUT	模块 M01：TH6(编码输入)	模拟信号输入
模块 M01：TH7(PCM 编码输出)	模块 M03：TH1(DIN1)	PCM 编码输入
模块 M03：TH6(复用输出)	模块 M03：TH8(解复用输入)	时分复用输入
模块 M03：TH6(复用输出)	模块 13：TH7(数字锁相环输入)	锁相环提取位同步
模块 13：TH5(BS2)	模块 M03：TH9(解复用时钟)	
模块 M03：TH10(FSOUT)	模块 M01：TH11(译码帧同步)	提供译码帧同步
模块 M03：TH11(BSOUT)	模块 M01：TH10(译码时钟)	提供译码位同步
模块 M03：TH12(DOUT1)	模块 M01：TH12(PCM 译码输入)	解复用输入

(2)模块开电，设置主控菜单，选择“主菜单”→“通信原理”→“时分复用”→“复用速率 256 kHz”。将模块 13 的 S3 拨为 0100。

(3)此时系统初始状态为：复用速率为 256 kHz，M03 模块的复用信号只有 4 个时隙，第 0～3 时隙的输出数据分别为巴克码帧头、DIN1、DIN2、开关信号。其中，信号源 A-OUT 输出 1 kHz 的正弦波，幅度可由 W1 调节(频率和幅度参数可根据主控模块操作说明进行调节)；M03 模块的 DIN1 端口送入 PCM 数据。正常情况下，M03 模块的“同步”指示灯亮。

注：若发现“失步”或“捕获”指示灯亮，先检查连线或拨码是否正确，再逐级观测数据或时钟是否正常。

(4)实验操作及波形观测。

①帧内 PCM 编码信号观测。

将 PCM 信号输入 DIN1，观测 PCM 数据。以帧同步为触发，分别观测 PCM 编码数据和解复用输出数据，将结果填入表 1-29 中。

注：PCM 复用后会有两帧的延时。

表 1-29　帧内 PCM 编码信号观测结果记录表

记录	波形
复用 PCM 数据	

思考 PCM 数据是如何分配到复用信号中的？

②解复用帧同步信号观测。

PCM 对正弦波进行编译码。观测解复用输出与 FSOUT，观测帧同步上升沿与帧同步信号的时序关系。

③解复用 PCM 信号观测。

对比观测复用前与解复用后的 PCM 序列。对比观测 PCM 编码前和译码后的正弦波信号，将结果填入表 1-30 中。

表 1-30 解复用 PCM 信号观测结果记录表

记录	波形
复用前的 PCM 序列	
解复用后的 PCM 序列	
PCM 编码前的波形	
PCM 译码后的波形(模块 M01：音频接口)	

④将信号源 A-OUT 切换为 MUSIC 音乐信号，将经过 PCM 译码还原出的音乐信号连接至 2 号模块的 TH14(扬声器输入)端口，直观地感受传输效果。

任务二 2 048 kHz 时分复用及解复用

概述：该任务设置复用速率为 2 048 kHz，实验观测的过程同 256 kHz 的时分复用及解复用。

(1)实验连线与 256 kHz 时分复用及解复用的相同。

(2)模块开电，设置主控菜单，选择"主菜单"→"通信原理"→"时分复用"→"复用速率 2 048 kHz"。将模块 13 的 S3 拨为 0001。

(3)此时系统初始状态为：复用速率为 2 048 kHz，M03 模块的复用信号共有 32 个时隙，第 0 时隙的数据为巴克码帧头，第 1、2、3、4 时隙的数据分别为 DIN1、DIN2、DIN3、DIN4 端口的数据，开关信号初始分配在第 5 时隙，通过主控可以设置 M03 模块开关信号数据的时隙位置。另外，此时信号源 A-OUT 输出 1 kHz 的正弦波，幅度可由 W1 调节(频率和幅度参数可根据主控模块操作说明进行调节)；PCM 数据送至 M03 模块的 DIN2 端口。

(4)实验操作及波形观测。

①以帧同步信号作为触发，用示波器观测 2 048 kHz 复用输出信号。在主控菜单中选择"开关信号数据设置"，改变 M03 模块的开关信号数据，观测复用输出中信号的变化情况。

②在主控菜单中选择"第 5 时隙加"和"第 5 时隙减"，观测开关信号对应数据在复用输出信号中所在时隙位置的变化情况。

③用示波器对比观测信号源 A-OUT 和 M01 模块的 PCM 译码输出，观测信号的恢复情况。

④将信号源 A-OUT 切换为 MUSIC 信号，将 PCM 译码的音频输出端连接至 2 号模块

的 TH14(扬声器输入)端口，直观地感受传输效果。

五、实验报告

(1)画出各测试点波形，并分析实验现象。

(2)分析电路的工作原理，叙述其工作过程。

第二章

信号与系统实验

章节导读

信号与系统实验的目标是在信号与系统理论的指导下，结合 MATLAB 软件及信号、系统实验箱两种方式，让学生自己编程及动手连线测试信号，在实验中了解信号的特点、信号的时域及频域特点并验证理论知识。实验内容包括常用信号分类与观察，阶跃响应与冲激响应，连续时间系统的模拟，无失真传输系统，有源、无源滤波器，抽样定理与信号恢复，信号卷积实验，信号分解及合成。

本章的学习目标如下。

(1)掌握利用 MATLAB 软件编程对信号进行基本运算。

(2)掌握连续系统的时域分析方法，掌握其原理的验证及信号的测试。

(3)掌握信号的卷积过程，并观察其结果，验证理论的正确性。

(4)掌握信号的时域及频域特点，学会在波形、大小等方面分析信号。

(5)掌握信号的抽样及恢复的条件。

(6)掌握系统极点对系统频率的影响。

实验 2.1　常用信号分类与观察

一、实验目的

(1)观察常用信号的波形，了解其特点及产生方法。

(2)学会用示波器测量常用波形的基本参数，思考可以从哪几个角度观察和分析这些信号的参数，了解信号及信号的特性。

二、实验器材

(1)数字信号处理模块 S4 一块。

(2)双踪示波器一台。

三、实验原理

对一个系统的特性进行研究，其中一个重要的方面是研究它的输入、输出关系，即研究在一个特定的输入信号下，系统输出的响应信号。因而对信号的研究是对系统进行研究的出发点，是对系统特性观察的基本手段与方法。本实验将对常用信号及其特性进行分析和研究。

信号可以表示为一个或多个变量的函数，在这里仅对一维信号进行研究，自变量为时间。常用信号有指数信号、正弦信号、指数正弦信号(衰减)、抽样信号、钟形信号、脉冲信号、矩形波信号等。

1. 指数信号

指数信号可表示为 $f(t)=K\mathrm{e}^{at}$。

对于 a 的不同取值，其波形表现为不同的形式，如图 2-1 所示。

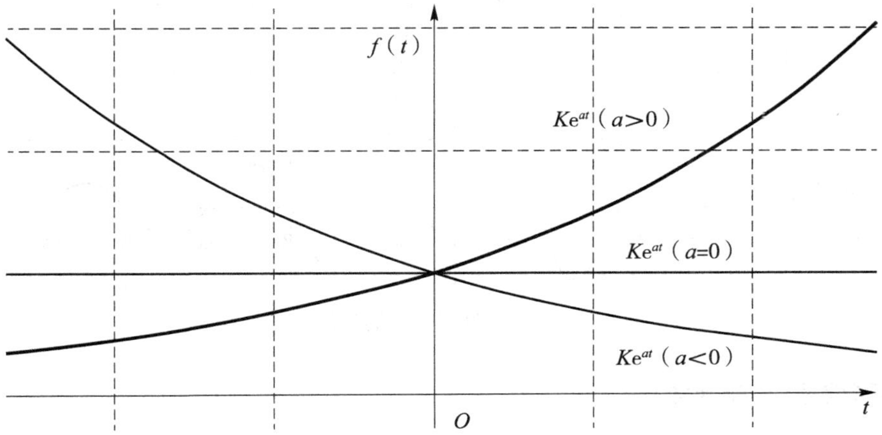

图 2-1　指数信号的波形

2. 指数正弦信号(衰减)

其表达式为

$$f(t)=\begin{cases}0 & (t<0)\\ K\mathrm{e}^{-at}\sin(\omega t) & (t>0)\end{cases}$$

其波形如图 2-2 所示。

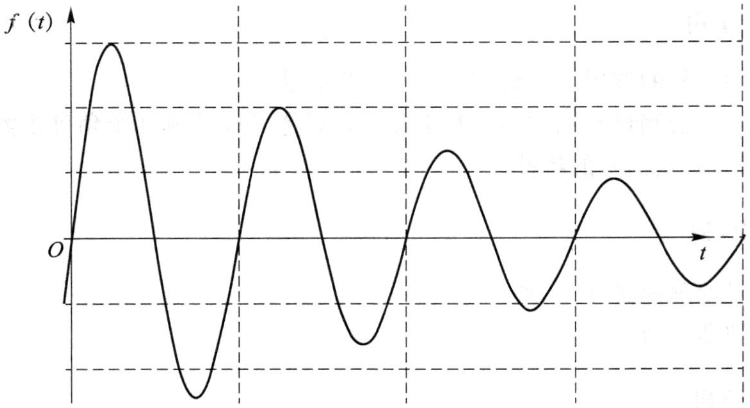

图 2-2　指数正弦信号(衰减)的波形

3. 抽样信号

其表达式为 $S_a(t)=\dfrac{\sin t}{t}$。$S_a(t)$是一个偶函数，$t=\pm\pi$，$\pm2\pi$，…，$\pm n\pi$ 时，函数值为零。该函数在很多应用场合具有独特的作用。其波形如图 2-3 所示。

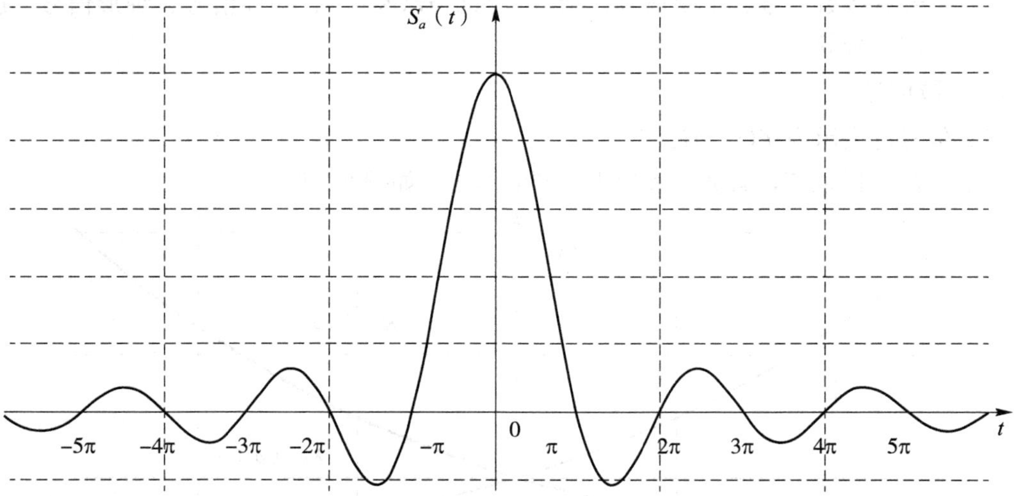

图 2-3　抽样信号的波形

4. 钟形信号(高斯函数)

其表达式为 $f(t)=E\mathrm{e}^{-(\frac{t}{\tau})^2}$，其波形如图 2-4 所示。

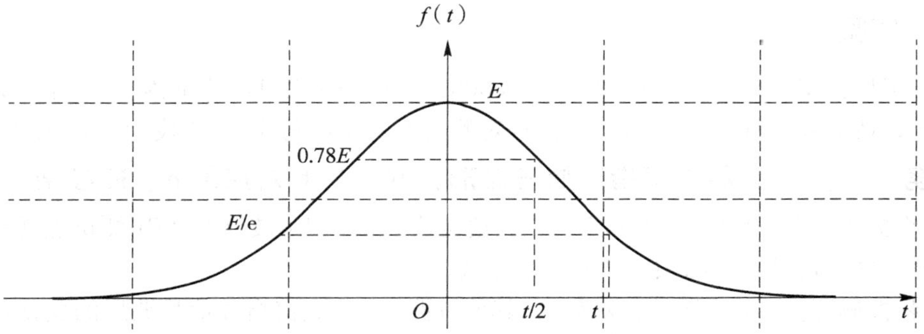

图 2-4　钟形信号的波形

5. 脉冲信号

其表达式为 $f(t)=u(t)-u(t-T)$，其中 $u(t)$为单位阶跃函数。

6. 矩形波信号

其信号周期为 T，前$\frac{T}{2}$期间信号为正电平信号，后$\frac{T}{2}$期间信号为负电平信号。

在本实验中，在模块的 TP1 测试点可观测的常见信号主要有指数信号(增长)、指数信号(衰减)、指数正弦信号(增长)、指数正弦信号(衰减)、抽样信号以及钟形信号。观测前首先需将拨码开关 SW1 拨为 00000000，即将该模块设置为常规信号观测功能，然后通过设置 S3 选择对应的常规信号类型，如表 2-1 所示。

表 2-1　常见信号观测

S3 状态	模块用于常规信号观测功能时 TP1 的输出波形	波形函数
10000000	指数信号(增长)	$f(t)=0.65e^{(t/370)}$
01000000	指数信号(衰减)	$f(t)=0.65e^{-(t/370)}$
00100000	指数正弦信号(增长)	$f(t)=\begin{cases}0 & (t<0)\\ 0.07e^{\frac{t}{440}}\sin\frac{2\pi t}{40}+2.7 & (t>0)\end{cases}$
00010000	指数正弦信号(衰减)	$f(t)=\begin{cases}0 & (t<0)\\ 3.3e^{\frac{-t}{440}}\sin\frac{2\pi t}{40}+3 & (t>0)\end{cases}$
00001000	抽样信号	$S_a(t)=\dfrac{7\sin\frac{2\pi t}{120}}{\frac{2\pi t}{120}}+1.5$
00000100	钟形信号	$f(t)=4.8e^{-\left(\frac{t}{280}\right)^2}$

四、实验任务

预备工作：将拨码开关 SW1 置为 00000001(开关拨上为 1，拨下为 0)，打开实验箱及模块电源，按下复位键 S2，加载常用信号观测功能。将拨码开关 S3 拨为 00000000。

任务一　用示波器观察指数信号波形，并分析其对应的 a、K 参数

(1)将拨码开关 S3 的第 1 位拨为 1，其他位拨为 0，用示波器在 TP1 测试点观察输出的指数信号，并分析其对应的频率及 a、K 参数。

(2)将拨码开关 S3 的第 2 位拨为 1，其他位拨为 0。观察指数信号波形的变化，分析变化的原因。

任务二　指数正弦信号(衰减)观察(正频率信号)

(1)将拨码开关 S3 的第 3 位拨为 1，其他开关拨为 0。用示波器在 TP1 测试点观察输出的指数正弦信号(衰减)。

(2)将拨码开关 S3 的第 4 位拨为 1，其他开关拨为 0。观察波形变化情况，分析变化的原因。

任务三　抽样信号观察

将拨码开关 S3 的第 5 位拨为 1，其他开关拨为 0。用示波器在 TP1 测试点观察输出的抽样信号。

任务四　钟形信号观察

将拨码开关 S3 的第 6 位拨为 1，其他开关拨为 0。用示波器在 TP1 测试点观察输出的钟形信号。

注：在本实验中，不要将拨码开关 S3 的第 7 位和第 8 位拨为 1。

五、实验报告

在坐标纸上画出各波形。

实验 2.2 阶跃响应与冲激响应

一、实验目的

(1)观察和测量 RLC 串联电路的阶跃响应与冲激响应的波形及有关参数，并研究电路元件参数的变化对响应状态的影响。

(2)掌握有关信号时域的测量分析方法。

二、实验器材

(1)信号源及频率计模块 S2 一块。

(2)S5 模块一块。

(3)数字万用表一台。

(4)双踪示波器一台。

三、实验原理

以单位冲激信号 $\delta(t)$ 作为激励，LTI 连续系统产生的零状态响应称为单位冲激响应，简称冲激响应，记为 $h(t)$。冲激响应示意图如图 2-5 所示。

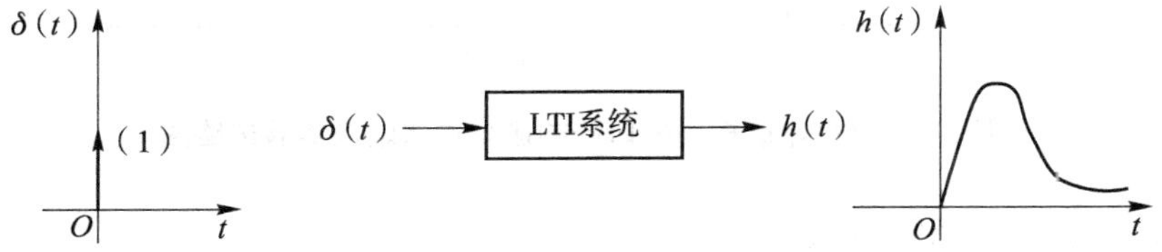

图 2-5　冲激响应示意图

以单位阶跃信号 $u(t)$ 作为激励，LTI 连续系统产生的零状态响应称为单位阶跃响应，简称阶跃响应，记为 $g(t)$。阶跃响应示意图如图 2-6 所示。

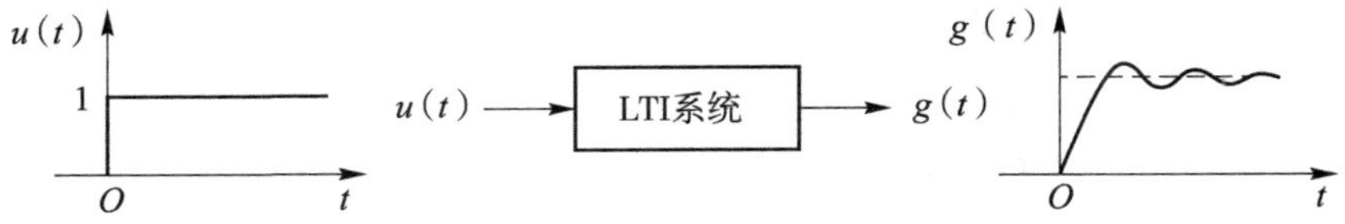

图 2-6　阶跃响应示意图

阶跃激励与阶跃响应的关系可简单地表示为

$$g(t)=H[u(t)] \quad 或者 \quad u(t)\rightarrow g(t)$$

如图 2-7 所示为 RLC 串联电路的阶跃响应与冲激响应实验电路图，其有以下 3 种响应状态。

(1)当电阻 $R>2\sqrt{\frac{L}{C}}$ 时，称为过阻尼状态。

(2)当电阻 $R=2\sqrt{\frac{L}{C}}$ 时，称为临界状态。

(3)当电阻 $R<2\sqrt{\frac{L}{C}}$ 时，称为欠阻尼状态。

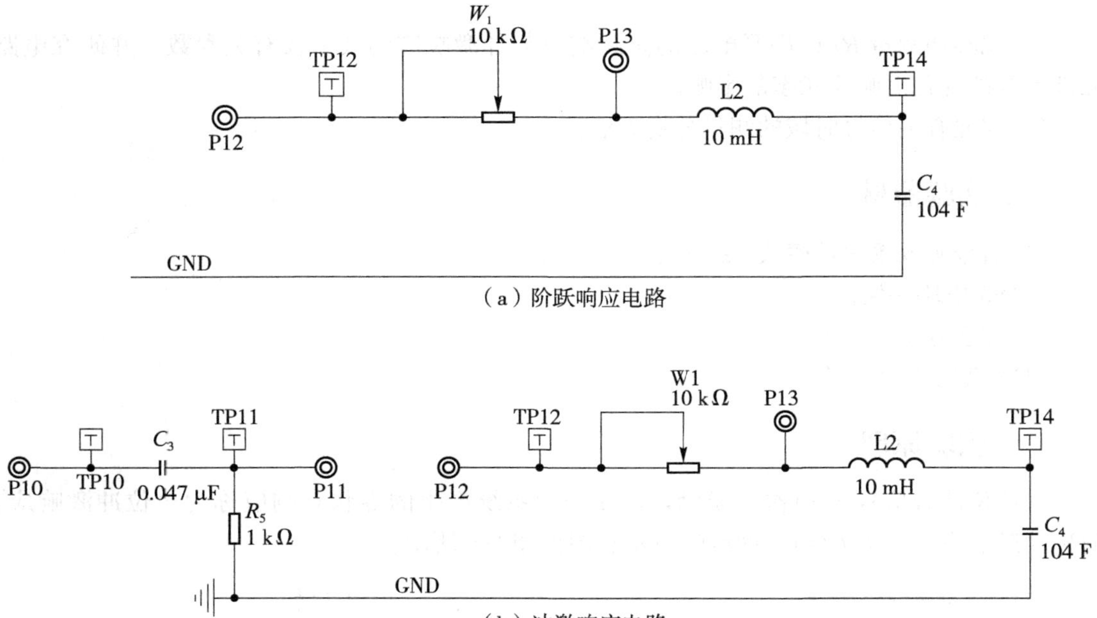

图 2-7　*RLC* 串联电路的阶跃响应与冲激响应实验电路图

响应的动态指标(见图 2-8)定义如下。

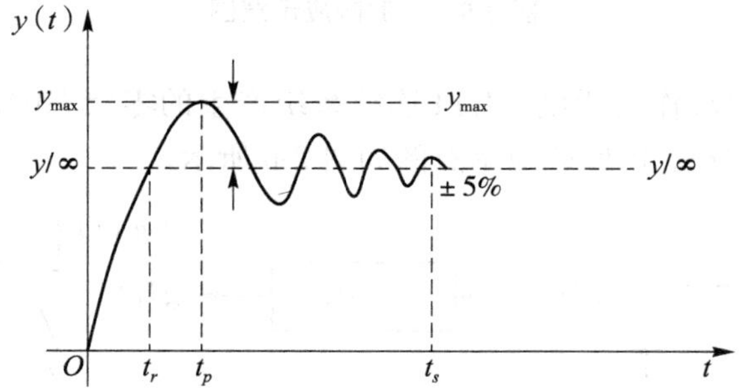

图 2-8　响应的动态指标示意图

上升时间 t_r：$y(t)$从 0 到第一次达到稳态值 y/∞所需的时间。
峰值时间 t_p：$y(t)$从 0 上升到 $y_{\max}$ 所需的时间。
调节时间 t_s：$y(t)$的振荡包络线进入稳态值的±5%误差范围所需的时间。
最大超调量 δ_p：

$$\delta_p=\frac{y_{\max}-y/\infty}{y/\infty}\times100\%$$

冲激信号是阶跃信号的导数，即 $g(t)=\int_{0^-}^{t} h(\tau)\mathrm{d}\tau$ ，所以在线性时不变电路中，冲激响应也是阶跃响应的导数。

为了便于用示波器观察响应波形，实验中用周期矩形波代替阶跃信号，用周期矩形波通过微分电路后得到的尖顶脉冲代替冲激信号。

四、实验任务

任务一　阶跃响应实验波形观察与参数测量

设激励信号为矩形波，频率为 500 Hz。实验电路连接图如图 2-7(a)所示。

①调整激励信号源为矩形波(从 S2 模块中的 P2 端口引出矩形波信号)；调节频率调节旋钮 ROL1，使频率计示数 $f=500$ Hz。

②连接 S2 模块的矩形波信号输出端 P2 至 S5 模块的 P12。

③示波器 CH1 接于 TP14，调整 W1，使电路分别工作在欠阻尼、临界和过阻尼 3 种状态下，观察各种状态下的输出波形，用万用表测量与波形对应的 P12 和 P13 两点间的电阻值(测量时应断开电源)，并将实验数据填入表 2-2 中。

④TP12 为输入信号波形的测量点，可把示波器的 CH2 接于 TP12 上，便于波形比较。

表 2-2　阶跃响应实验数据

实验数据	状态		
	欠阻尼状态 $R<2\sqrt{\frac{L}{C}}$	临界状态 $R=2\sqrt{\frac{L}{C}}$	过阻尼状态 $R>2\sqrt{\frac{L}{C}}$
参数测量	$R=$	$R=$	$R=$
TP12 激励波形			
TP14 响应波形			

注：描绘波形时要使 3 种状态的 x 轴坐标(扫描时间)一致。

任务二　冲激响应的波形观察

冲激信号是由阶跃信号经过微分电路得到的。实验电路如图 2-7(b)所示。

①将矩形波输入信号的输入接于 P10(输入信号频率与幅度不变)。

②连接 P11 与 P12。

③将示波器的 CH1 接于 TP11，观察经微分后的响应波形(等效于冲激激励信号)。

④将示波器的 CH2 接于 TP14，调整 W1，使电路分别工作在欠阻尼、临界和过阻尼 3 种状态下。

⑤观察电路处于以上 3 种状态时激励信号与响应信号的波形，并填于表 2-3 中。

表 2-3　3 种状态时激励信号与响应信号的波形

实验数据	状态		
	欠阻尼状态 $R<2\sqrt{\frac{L}{C}}$	临界状态 $R=2\sqrt{\frac{L}{C}}$	过阻尼状态 $R>2\sqrt{\frac{L}{C}}$
参数测量	$R=$	$R=$	$R=$
TP11 激励波形			
TP14 响应波形			

五、实验报告

(1)描绘同样时间轴阶跃响应与冲激响应的输入、输出电压波形时，要标明信号幅度 A、周期 T、矩形波脉宽 T_1 以及微分电路的 τ 值。

(2)分析实验结果，说明电路参数变化对状态的影响。

实验 2.3　连续时间系统的模拟

一、实验目的

(1)了解基本运算器——比例放大器、加法器和积分器的电路结构和运算功能。

(2)掌握用基本运算单元模拟连续时间一阶系统的原理与测试方法。

二、实验器材

(1)双踪示波器一台。

(2)数字万用表一块。

(3)电压表及直流信号源模块 S1 一块。

(4)信号源及频率计模块 S2 一块。

(5)基本运算单元与连续系统模块 S9 一块。

三、实验原理

1. 线性系统的模拟

系统的模拟就是用由基本运算单元组成的模拟装置来模拟实际的系统。这些实际系统可以是电的或非电的物理量系统，也可以是社会、经济和军事等非物理量系统。模拟装置可以与实际系统的内容完全不同，但是两者的微分方程完全相同，输入、输出关系即传输函数也完全相同。模拟装置的激励和响应是电物理量，而实际系统的激励和响应不一定是电物理量，但它们之间的关系是一一对应的。所以，可以通过对模拟装置的研究来分析实际系统，最终达到在一定条件下确定最佳参数的目的。

本实验所涉及的系统的模拟就是由基本的运算单元(比例放大器、加法器、积分器等)组成的模拟装置，用来模拟实际系统的传输特性。

2. 三种基本运算电路

(1)比例放大器。其电路连线示意图如图 2-9 所示。

$$u_0=\frac{R_2}{R_1}\cdot u_1$$

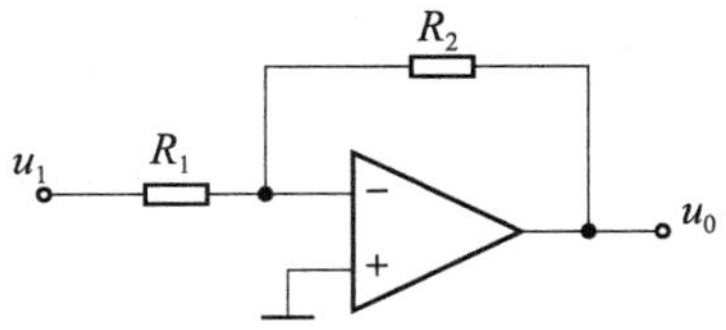

图 2-9　比例放大器电路连线示意图

(2)加法器。其电路连线示意图如图 2-10 所示。

$$u_0=-\frac{R_2}{R_1}(u_1+u_2)=-(u_1+u_2)\quad R_1=R_2$$

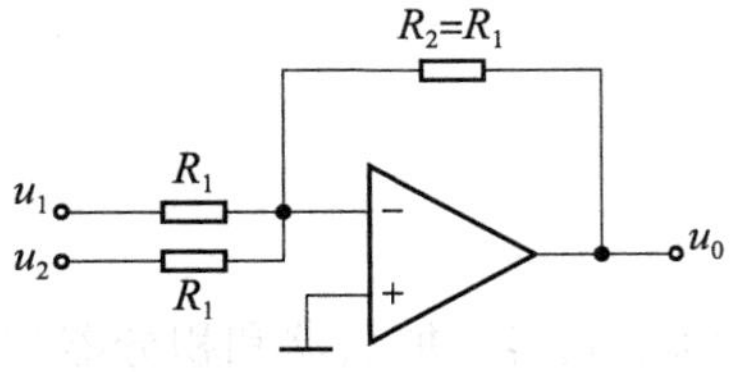

图 2-10　加法器电路连线示意图

(3)积分器。其电路连线示意图如图 2-11 所示。

$$u_0=-\frac{1}{RC}\int u_1\mathrm{d}t$$

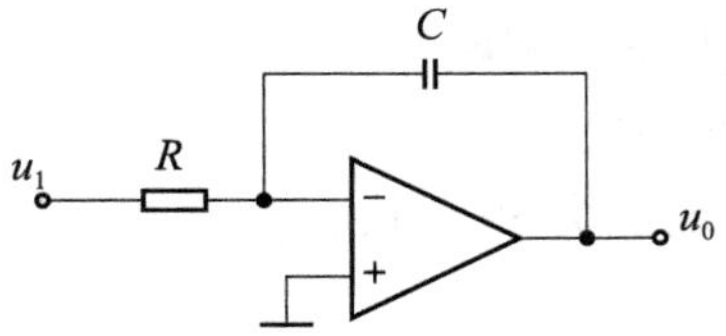

图 2-11　积分器电路连线示意图

3. 一阶系统的模拟

如图 2-12(a)所示是一个一阶 RC 电路，可用以下方程描述：

$$\frac{\mathrm{d}y(t)}{\mathrm{d}t}+\frac{1}{RC}y(t)=\frac{1}{RC}x(t)$$

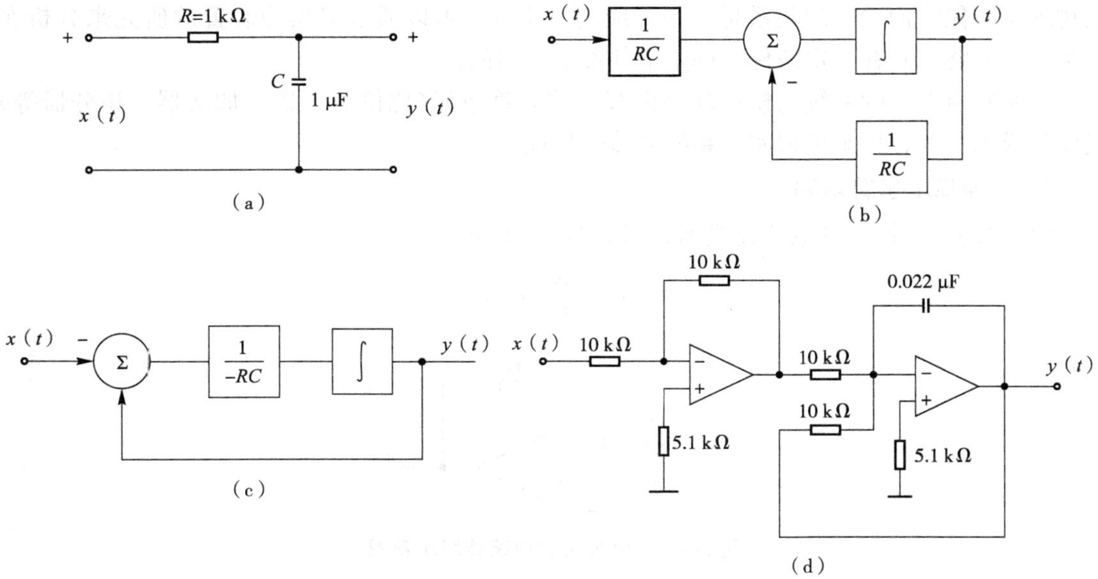

图 2-12　一阶系统的模拟

其模拟框图如图 2-12(b)、图 2-12(c)所示，两者在数学关系上是等效的。其一阶系统模拟实验电路如图 2-12(d)所示。

四、实验任务

在实验模块 S9 上，U1 和 U2 为运算放大器；P1、P2 为 U1 的输入接口，P3 为 U1 的输出接口；P4、P5 为 U2 的输入接口，P6 为 U2 的输出接口。可根据需要将可供选择的电阻、电容及电感进行连接。U1 与 U2 的电路图如图 2-13 所示。

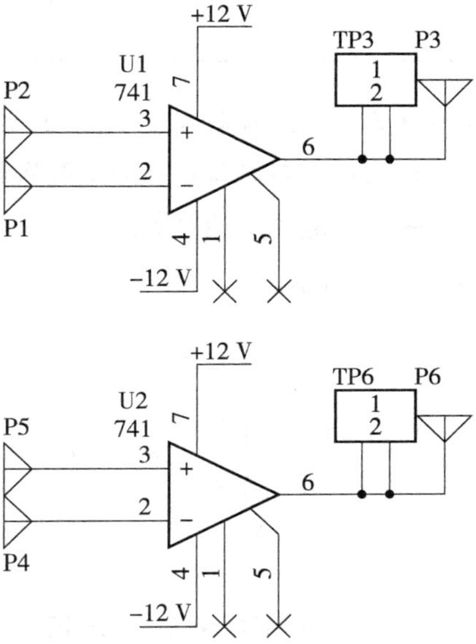

图 2-13　U1 与 U2 的电路图

任务一　基本运算器——加法器的观测

加法器实验电路图如图 2-14 所示。

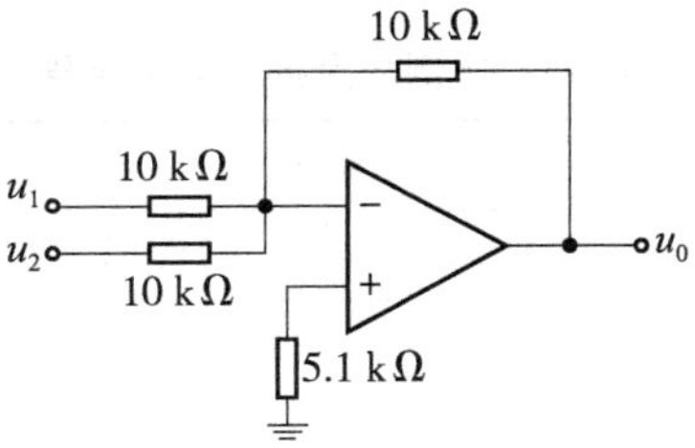

图 2-14　加法器实验电路图

(1)按如图 2-14 所示连接实验电路。

(2)将 S1 模块的直流输出 1(P1)和直流输出 2(P2)分别接至加法器的 u_1 和 u_2。适当调节 S1 模块中的 W1、W2，并记录 P1 和 P2 的电压值。

(3)用万用表测量输出 u_0 端的电压。验证在反相加法器中，输出电压是不是两路输入电压之和取反相，将观测结果填入表 2-4 中。

表 2-4　加法器的观测结果

输入一		输入二		输出	
电压/V	波形	电压/V	波形	电压/V	波形

注： 可以将输入信号改为幅度为 2 V、频率为 500 Hz 的矩形波，再观察输入及输出波形。还可以自行改变反馈接法，得到同相加法器，然后进行实验。

任务二　基本运算器——比例放大器的观测

比例放大器实验电路图如图 2-15 所示。

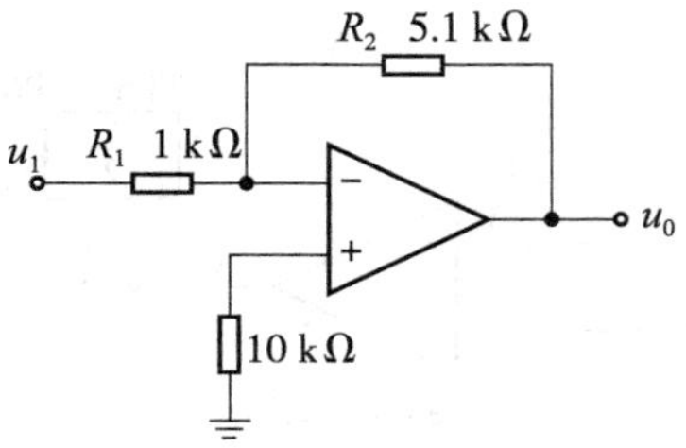

图 2-15　比例放大器实验电路图

(1)按如图 2-15 所示连接实验电路。R_1、R_2 可选择 2 组不同的电阻值以改变放大比例。

(2)信号发生器产生幅度为 1 V、频率为 1 kHz 的正弦波送入输入端，利用示波器同时观察并比较输入、输出波形，将观测结果填入表 2-5 中。

表 2-5　比例放大器的观测结果

		输入		输出	
电阻		电压/V	波形	电压/V	波形
①	$R_1=1$ kΩ				
	$R_2=5.1$ kΩ				
②	$R_1=$				
	$R_2=$				

任务三　基本运算器——积分器的观测

积分器实验电路图如图 2-16 所示。

(1)按如图 2-16 所示连接实验电路(20 kΩ 的电阻可用两个 10 kΩ 的电路串联代替)。

(2)利用信号发生器产生 $f=1$ kHz 的矩形波送入输入端，利用示波器同时观察输入、输出波形并比较，自行完成实验数据记录。

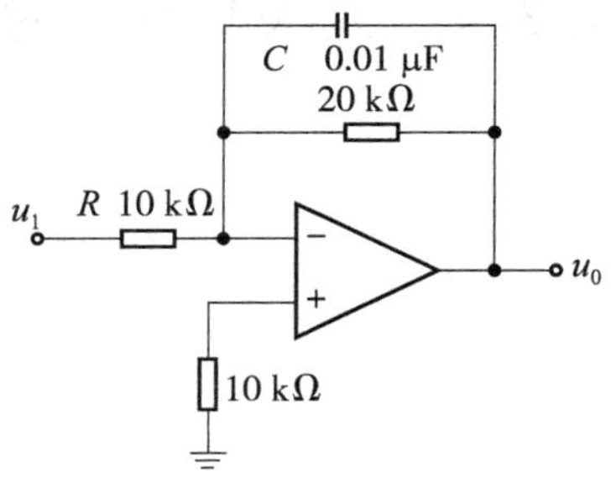

图 2-16　积分器实验电路图

任务四　一阶 *RC* 电路的模拟(选做)

图 2-12(a)为一阶 *RC* 电路，按图 2-12(d)所示连接其一阶模拟电路(阻容元件根据需要进行选择，0.022 μF 的电容可由两个 0.01 μF 的电容并联代替)。

将信号发生器产生的幅度为 2 V、频率为 1 kHz 的矩形波送入一阶模拟电路输入端，用示波器观测输出电压波形，验证其模拟情况。

五、实验报告

(1)准确绘制各基本运算器的输入、输出波形，标出峰峰电压及周期。

(2)绘制一阶模拟电路阶跃响应，标出峰峰电压及周期。

实验 2.4　无失真传输系统

一、实验目的

(1)了解无失真传输的概念。

(2)了解无失真传输的条件。

(3)观察信号在失真系统中的波形。

(4)观察信号在无失真系统中的波形。

二、实验器材

(1)S5 模块一块。

(2)信号源及频率计模块 S2 一块。

(3)双踪示波器一台。

(4)函数信号发生器(选)一台。

三、实验原理

(1)一般情况下，系统的响应波形和激励波形不同，信号在传输过程中将产生失真现象。

线性系统引起的信号失真由两方面因素造成：一是系统对信号中各频率分量幅度产生不同程度的衰减，使响应各频率分量的相对幅度产生变化，引起幅度失真；另一个因素是系统对各频率分量产生的相移不与频率成正比，使响应的各频率分量在时间轴上的相对位置产生变化，引起相位失真。

线性系统的幅度失真与相位失真都不产生新的频率分量。而在非线性系统中，由于其非线性特性对所传输信号产生非线性失真，因此可能产生新的频率分量。

所谓无失真，是指响应信号与激励信号相比，只是大小与出现的时间不同，而无波形上的变化。设激励信号为 $e(t)$，响应信号为 $r(t)$，无失真传输的条件是

$$r(t)=Ke(t-t_0)$$

式中 K 是一个常数，t_0 为滞后时间。满足此条件时，$r(t)$的波形是 $e(t)$的波形经 t_0 时间的滞后，虽然幅度方面有系数 K 倍的变化，但波形形状不变。

(2)要实现无失真传输，对系统函数 $H(\mathrm{j}\omega)$应提出怎样的要求？

设 $r(t)$与 $e(t)$的傅里叶变换式分别为 $R(\mathrm{j}\omega)$与 $E(\mathrm{j}\omega)$。借助傅里叶变换的延时定理，从而可以写出

$$R(\mathrm{j}\omega)=KE(\mathrm{j}\omega)\mathrm{e}^{-\mathrm{j}\omega t_0}$$

此外，还有

$$R(\mathrm{j}\omega)=H(\mathrm{j}\omega)E(\mathrm{j}\omega)$$

所以，为满足无失真传输应有

$$H(j\omega)=K e^{-j\omega t_0}$$

上式就是对于系统的频率响应特性提出的无失真传输条件。欲使信号在通过线性系统时不产生任何失真，必须在信号的全部频带内，要求系统频率响应的幅度特性是一个常数，相位特性是一条通过原点的直线，如图 2-17 所示。

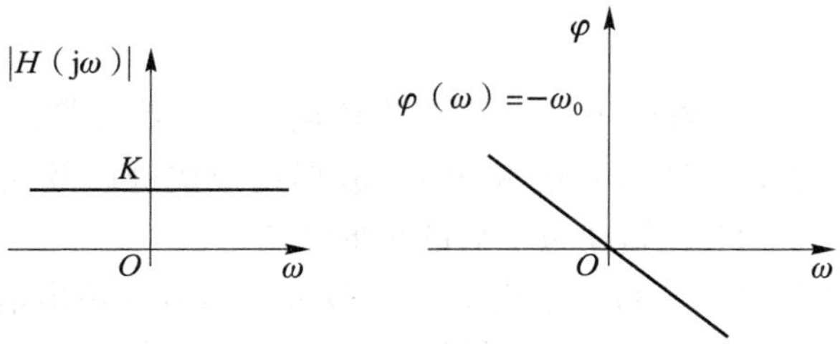

图 2-17　无失真传输系统的幅度和相位特性

(3)设计电路图(原理采用示波器的衰减电路)。

示波器衰减电路如图 2-18 所示。

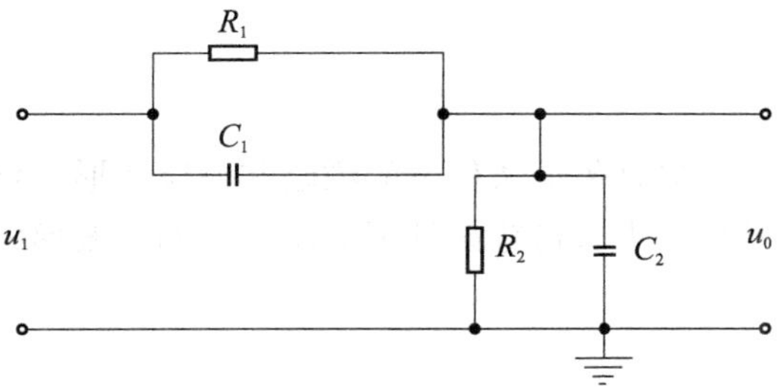

图 2-18　示波器衰减电路

计算如下：

$$H(\omega)=\frac{u_0(\omega)}{u_1(\omega)}=\frac{\dfrac{\dfrac{R_2}{j\omega C_2}}{R_2+\dfrac{1}{j\omega C_2}}}{\dfrac{\dfrac{R_1}{j\omega C_1}}{R_1+\dfrac{1}{j\omega C_1}}+\dfrac{\dfrac{R_2}{j\omega C_2}}{R_2+\dfrac{1}{j\omega C_2}}}$$

$$=\frac{\dfrac{R_2}{1+j\omega R_2C_2}}{\dfrac{R_1}{1+j\omega R_1C_1}+\dfrac{R_2}{1+j\omega R_2C_2}}$$

若 $R_1C_1=R_2C_2$，则 $H(\omega)=\dfrac{R_2}{R_2+R_1}$ 是常数，$\varphi(\omega)=0$。

上式满足无失真传输条件。

(4)S5 模块中的测试点及调节点说明。

TP16：模拟信号的输入。

TP17：模拟信号经过系统后的输出。

W2：调节此电位器可以改变系统传输条件。

四、实验任务

(1)连接 S2 模块中的 P2 和 S5 模块上无失真传输电路的信号输入端 P15。

(2)调节 S2 模块中的频率调节旋钮 ROL1、波形切换按键以及模拟输出幅度调节旋钮 W1，使 P2 输出频率为 1 kHz、幅度为 4 V 的矩形波信号。

(3)示波器 CH1 接 TP16，CH2 接 TP17，比较输入信号和输出信号的波形，观察是否失真，即信号的形状是否发生了变化。如果发生了变化，可以调节电位器 W2，使输出与输入信号的形状一致(一般输出信号的幅度为输入信号的 1/2)。

(4)改变信号源(例如，将 S2 模块中的 P2 输出信号改为三角波或者正弦波，或者可以从函数信号发生器引入信号，也可以从其他电路引入各种信号)，重复上述操作，观察信号传输情况。

五、实验报告

(1)绘制各种输入信号在失真传输条件下的激励和响应波形(至少 3 种)。

(2)绘制各种输入信号在无失真传输条件下的激励和响应波形(至少 3 种)。

实验 2.5 有源、无源滤波器

一、实验目的

(1)熟悉滤波器的构成及其特性。
(2)学会测量滤波器幅频特性的方法。

二、实验器材

(1)双踪示波器一台。
(2)信号源及频率计模块 S2 一块。
(3)抽样定理及滤波器模块 S3 一块。

三、实验原理

滤波器是一种能使有用频率信号通过，同时抑制(或大为衰减)无用频率信号的电子装置。工程上常用它做信号处理、数据传送和抑制干扰等工作。这里主要讨论模拟滤波器。曾经这种滤波电路主要由无源元件 R、L 和 C 组成，20 世纪 60 年代以后，集成运放(集成运算放大器)获得了迅速发展，由它和 R、C 组成的有源滤波电路被采用，这种有源滤波电路具有不用电感、体积小、质量轻等优点。此外，由于集成运放的开环电压增益和输入阻抗均很高，输出阻抗又低，构成有源滤波电路后还具有一定的电压放大和缓冲作用。但是，集成运放的带宽有限，所以目前有源滤波电路的工作频率难以做得很高，这是有源滤波电路的不足之处。

1. 初步定义

滤波电路的一般结构如图 2-19 所示。图中的 $V_i(t)$ 为输入信号，$V_o(t)$ 为输出信号。

图 2-19 滤波电路的一般结构

假设滤波器是一个线性时不变的网络，则在复频域内有

$$A(s)=V_o(s)/V_i(s)$$

式中，$A(s)$ 是滤波电路的电压传递函数，一般为复数。对于实际频率($s=j\omega$)来说则有

$$A(j\omega)=|A(j\omega)|e^{j\varphi(\omega)}$$

这里的 $|A(j\omega)|$ 为传递函数的模，$\varphi(\omega)$ 为函数的相位角。

二阶 RC 滤波器的传输函数如表 2-6 所示。

表 2-6　二阶 RC 滤波器的传输函数

<table>
<tr><th>类型</th><th>传输函数</th><th>备注</th></tr>
<tr><td>低通</td><td>$A(s)=\dfrac{A_V\omega_c}{s^2+\dfrac{\omega_0}{Q}s+\omega_c^2}$</td><td rowspan="4">$A_V$——电压增益
ω_c——低、高通滤波器的截至角频率
ω_0——带阻塞、带阻滤波器的中心角频率
Q——品质因数，$Q\approx\omega_0/B_W$ 或 f_o/B_W（当 $B_W\ll\omega_0$ 时）
B_W——带通、带阻滤波器的带宽</td></tr>
<tr><td>高通</td><td>$A(s)=\dfrac{A_Vs^2}{s^2+\dfrac{\omega_c}{Q}s+\omega_c^2}$</td></tr>
<tr><td>带通</td><td>$A(s)=\dfrac{A_V\dfrac{\omega_0}{Q}s}{s^2+\dfrac{\omega_0}{Q}s+\omega_0^2}$</td></tr>
<tr><td>带阻</td><td>$A(s)=\dfrac{A_V(s^2+\omega_0^2)}{s^2+\dfrac{\omega_0}{Q}s+\omega_0^2}$</td></tr>
</table>

此外，滤波电路中另一个重要的概念是时延 $\tau(\omega)$，它的定义为

$$\tau(\omega)=-\frac{\mathrm{d}\varphi(\omega)}{\mathrm{d}\omega}(s)$$

通常用幅频响应表征一个滤波电路的特性，欲使信号通过滤波器的失真很小，则相位角和时延亦需考虑。当相位角 $\varphi(\omega)$作线性变化，即时延 $\tau(\omega)$为常数时，才可能避免输出信号的失真。

2. 滤波电路的分类

对于幅频响应，通常把能够通过的信号频率范围定义为通带，而把受阻或衰减的信号频率范围称为阻带。通带和阻带的界限频率叫作截止频率，用 f_c 表示。

理想滤波电路在通带内应具有零衰减的幅频响应和线性的相位响应，在阻带内应具有无限大的幅度衰减（$|A(\mathrm{j}\omega)|=0$）。通常根据通带和阻带的相互位置不同，滤波电路可分为 4 类，如图 2-20 所示。

(1)低通滤波电路(LPF)：其幅频响应如图 2-20(a)所示，图中 A_0 表示低频增益 $|A|$ 的增益幅值。由图可知，它的功能是通过从零到某一截止角频率 ω_H 的低频信号，而对频率大于 ω_H 的所有信号完全衰减，因此其带宽 $B_W=\omega_H$。

(2)高通滤波电路(HPF)：其幅频响应如图 2-20(b)所示，由该图可以看到，$0<\omega<\omega_L$ 范围内的频率为阻带，高于 ω_L 的频率为通带。从理论上来说，它的带宽 $B_W=\infty$，但实际上，由于受有源器件带宽的限制，高通滤波电路的带宽也是有限的。

(3)带通滤波电路(BPF)：其幅频响应如图 2-20(c)所示，图中 ω_L 为低边截止角频率，ω_H 为高边截止角频率，ω_0 为中心角频率。由图可知，它有两个阻带，即 $0<\omega<\omega_L$ 和 $\omega>\omega_H$，因此带宽 $B_W=\omega_H-\omega_L$。

(4)带阻滤波电路(BEF)：其幅频响应如图 2-20(d)所示，由图可知，它有两个通带 $0<\omega<\omega_H$ 和 $\omega>\omega_L$，有一个阻带，即 $\omega_H<\omega<\omega_L$。因此它的功能是衰减 ω_L 到 ω_H 间的信号。

同高通滤波电路相似，受有源器件带宽的限制，通带 $\omega > \omega_L$ 也是有限的。带阻滤波电路抑制频带中间点所在角频率 ω_0 也叫中心角频率。

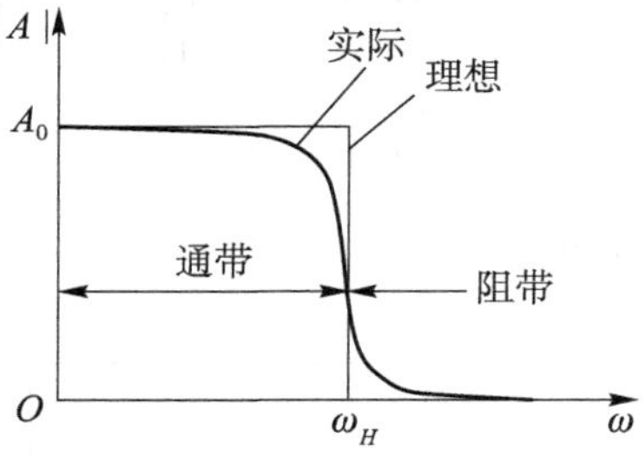

（a）低通滤波电路（LPF）

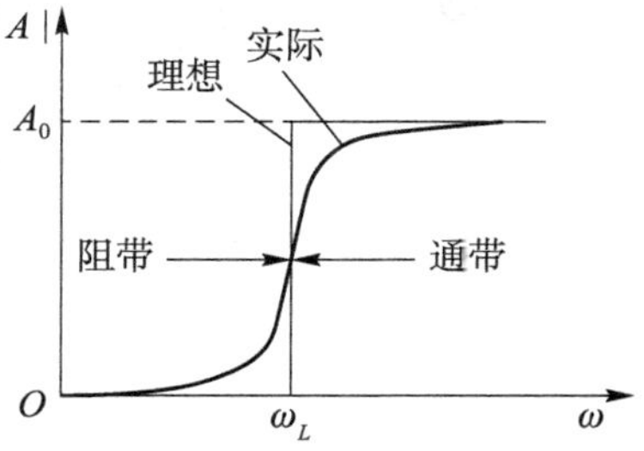

（b）高通滤波电路（HPF）

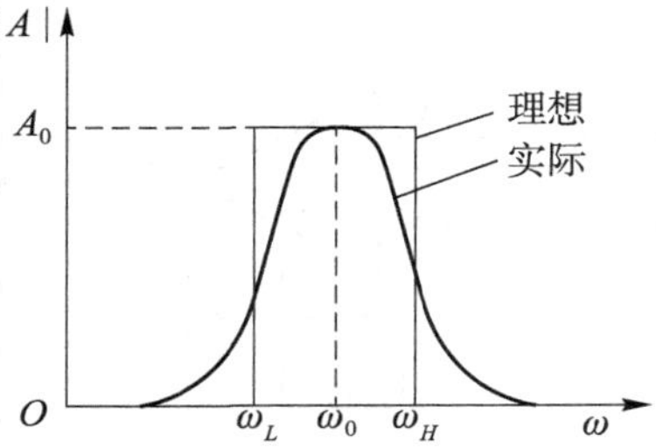

（c）带通滤波电路（BPF）

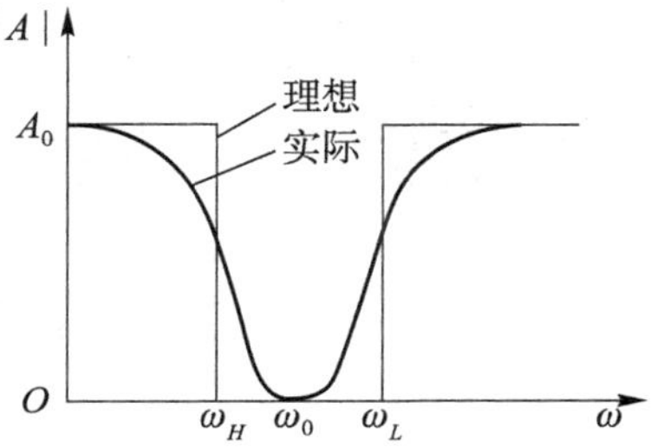

（d）带阻滤波电路（BEF）

图 2-20　各种滤波电路的幅频响应

本系统中某次实验所测滤波器的截止频率参考值如下（注：由于元器件自身因素，会影响截止频率的精度，所以实验实测时允许误差）。

无源低通滤波器 20 kHz；有源低通滤波器 17 kHz；无源高通滤波器 14.5 kHz；有源高通滤波器 14.5 kHz；无源带通 F_L=1.3 kHz、F_H=18.5 kHz；有源带通 F_L=2.4 kHz、F_H=20.8 kHz；无源带阻 F_L=4.1 kHz、F_H=65.2 kHz；有源带阻 F_L=6.5 kHz、F_H=38 kHz。

四、实验任务

实验中信号源的输入信号均为 4 V 左右的正弦波。设置 S2 模块：按下波形切换按钮 S4，使 SIN 指示灯亮，调节模拟输出幅度调节旋钮，使信号幅度为 4 V。

任务一　测量低通滤波器的频响特性

低通滤波器频响特性实验原理框图如图 2-21 所示。

①连接 S2 模块中的模拟信号输出端 P2 与 S3 模块中的 P1（低通无源）端口，保持输入信号的幅度为 4 V。

②逐渐改变输入信号频率，并用示波器观测 TP2 处信号波形的峰峰值。

③连接 S2 模块中的模拟信号输出端 P2 与 S3 模块中的 P5（低通有源）。

④逐渐改变输入信号频率，并用示波器观测 TP6 处信号波形的峰峰值。

⑤将数据填入表 2-7。

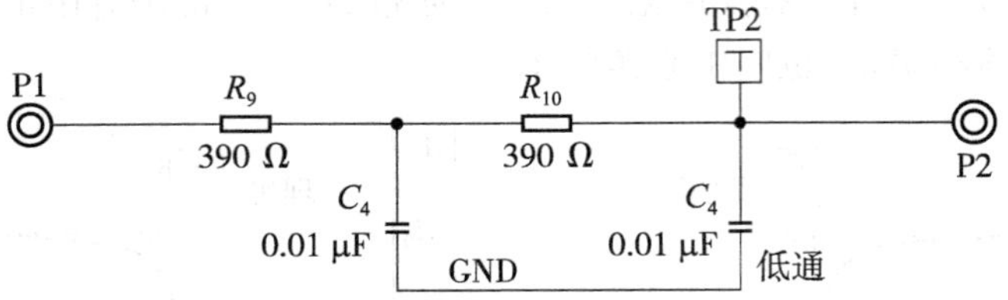

（a）无源低通滤波器

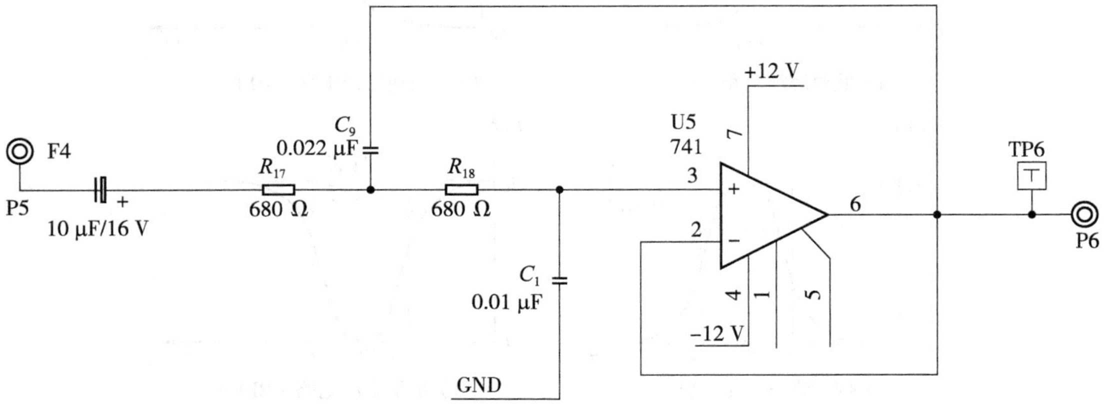

（b）有源低通滤波器

图 2-21　低通滤波器频响特性实验原理框图

表 2-7　低通滤波器逐点测量法结果记录表

无源	V_i/V	4	4	4	4	4	4	4	4	4	4
	f/Hz										
	V_o/V										
	截止频率										
有源	V_i/V	4	4	4	4	4	4	4	4	4	4
	f/Hz										
	V_o/V										
	截止频率										

任务二　测量高通滤波器的频响特性

高通滤波器频响特性实验原理框图如图 2-22 所示。

①保持信号源输出的正弦信号幅度不变，连接 S2 模块中的模拟信号源 P2 与 S3 模块中的模拟滤波器 P3(高通无源)端口。

②逐渐改变输入信号的频率，并用示波器观测 TP4 处信号波形的峰峰值。

③连接 S2 模块中的模拟信号输出端 P2 与 S3 模块中模拟滤波器中的 P7(高通有源)端口。

④逐渐改变输入信号的频率，并用示波器观测 TP8 处信号波形的峰峰值。

⑤将数据填入表 2-8。

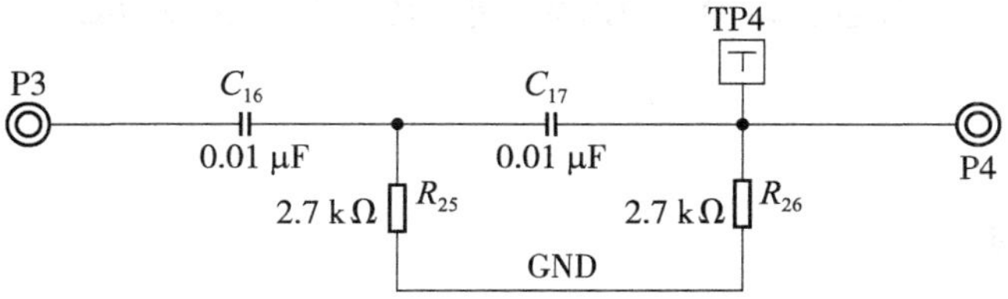

（a）高通无源滤波器

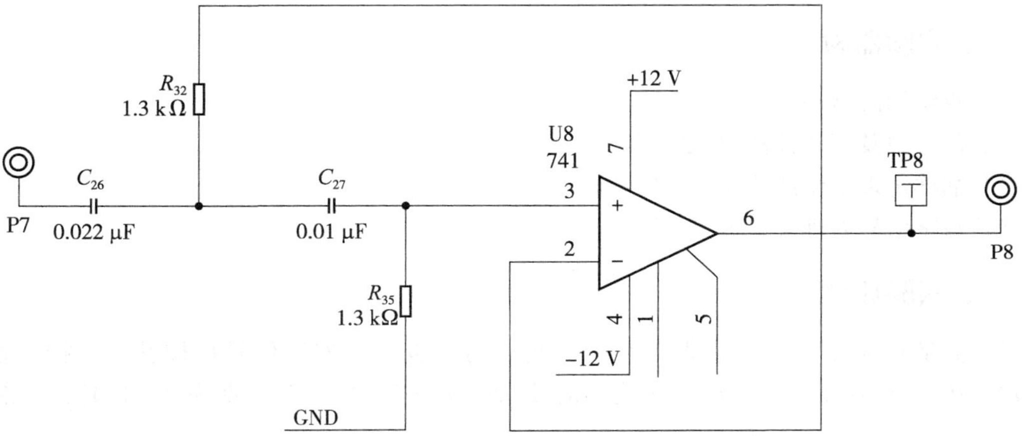

（b）高通有源滤波器

图 2-22　高通滤波器频响特性实验原理框图

表 2-8　高通滤波器逐点测量法结果记录表

无源	V_i/V	4	4	4	4	4	4	4	4	4	4
	f/Hz										
	V_o/V										
	截止频率										
有源	V_i/V	4	4	4	4	4	4	4	4	4	4
	f/Hz										
	V_o/V										
	截止频率										

五、实验报告

整理实验数据，并根据测试所得的数据绘制各个滤波器的幅频响应曲线。

实验 2.6　抽样定理与信号恢复

一、实验目的

(1)观察离散信号的频谱，了解其频谱特点。
(2)验证抽样定理并恢复原信号。

二、实验器材

(1)双踪示波器一台。
(2)信号源及频率计模块 S2 一块。
(3)抽样定理及滤波器模块 S3 一块。
(4)数字信号处理模块 S4 一块。

三、实验原理

(1)离散信号不仅可从离散信号源获得，而且也可从连续信号抽样获得。抽样信号 $F_s(t)=F(t)\cdot S(t)$。其中 $F(t)$为连续信号(如三角波)，$S(t)$是周期为 T_s 的矩形窄脉冲。T_s 又称抽样间隔，$F_s=\frac{1}{T_s}$称为抽样频率，$F_s(t)$为抽样信号波形。$F(t)$、$S(t)$、$F_s(t)$的波形如图 2-23 所示。

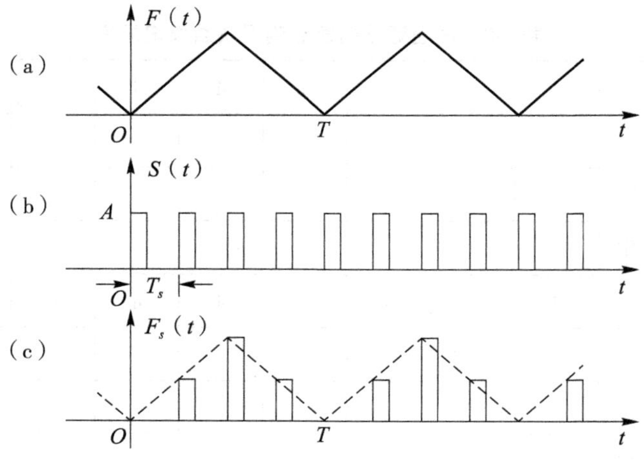

图 2-23　$F(t)$、$S(t)$、$F_s(t)$的波形

将连续信号用周期性矩形脉冲抽样而得到抽样信号，可通过抽样器实现。

(2)连续信号经周期性矩形脉冲抽样后，抽样信号的频谱：

$$F_s(\mathrm{j}\omega)=\frac{A\tau}{T}\cdot\sum_{m=-\infty}^{+\infty}S_a\left(\frac{m\omega_s\tau}{2}\right)F(\omega-m\omega_s)$$

它包含了原信号频谱以及重复周期为 $f_s(f_s=\omega_s/2\pi)$、幅度按$\frac{A\tau}{T}S_a(m\omega_s\tau/2)$规律变化的原信号频谱，即抽样信号的频谱是原信号频谱的周期性延拓。因此，抽样信号占有的频带比原信号的频带宽得多。

以三角波被周期性矩形脉冲抽样为例。三角波的频谱：

$$F(\mathrm{j}\omega)=\pi\sum_{k=-\infty}^{\infty}A_k\sigma(\omega-k\omega_1)=\frac{4E}{\pi k^2}\sum_{k=-\infty}^{\infty}\sigma(\omega-k\omega_1)$$

这里取三角波的有效带宽为 $3\omega_1$。其频谱如图 2-24 所示。

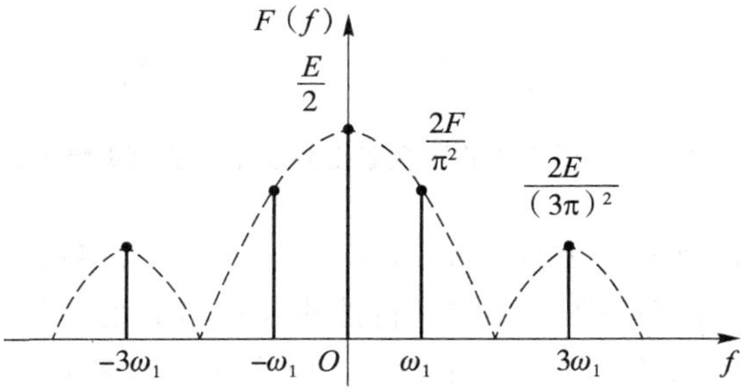

图 2-24　三角波频谱

抽样信号的频谱：

$$F_s(\mathrm{j}\omega)=\frac{A\tau}{T}\cdot 4E\sum_{\substack{k=-\infty\\ m=-\infty}}^{\infty}\frac{1}{\pi k^2}S_a\left(\frac{m\omega_s\tau}{2}\right)\sigma(\omega-k\omega_1-m\omega_s)$$

取三角波的有效带宽为 $3\omega_1$，其抽样信号频谱如图 2-25 所示。

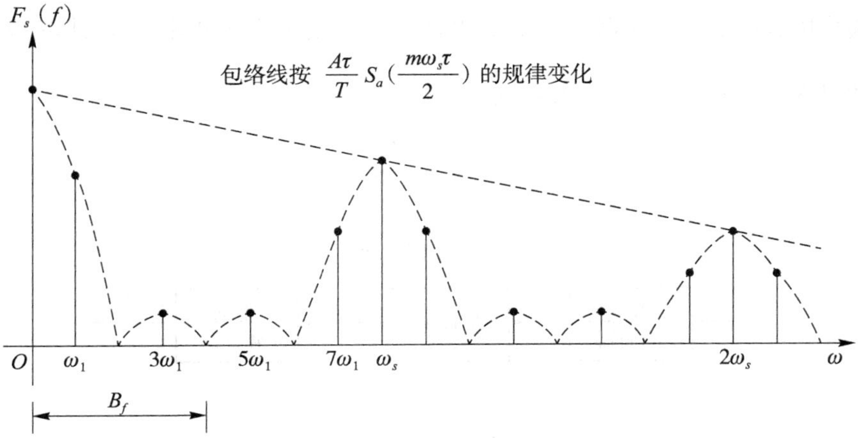

图 2-25　三角波抽样信号频谱图

如果离散信号是由连续信号抽样而得，则其频谱的测量方法与周期连续信号的相同，但应注意频谱的周期性延拓。

(3)抽样信号在一定条件下可以恢复出原信号，其条件是 $f_s \geqslant 2B_f$，其中 f_s 为抽样频率，B_f 为原信号占有频带宽度。由于抽样信号频谱是原信号频谱的周期性延拓，因此，只要通过一截止频率为 f_c($f_m \leqslant f_c \leqslant f_s - f_m$，$f_m$ 是原信号频谱中的最高频率)的低通滤波器就能恢复出原信号。

如果 $f_s < 2B_f$，则抽样信号的频谱将出现混迭，此时将无法通过低通滤波器获得原信号。实际低通滤波器在截止频率附近的频率特性曲线如图 2-26 所示。

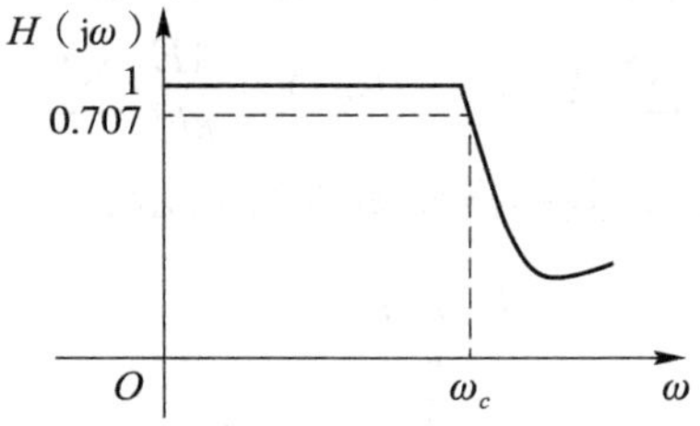

图 2-26　实际低通滤波器在截止频率附近的频率特性曲线

在实际信号中，仅含有限频率成分的信号是极少的，大多信号的频率成分是无限的，并且实际低通滤波器在截止频率附近的频率特性曲线不够陡峭，若使 $f_s = 2B_f$，$f_c = f_m = B_f$，恢复出的信号难免有失真。为了减小失真，应将抽样频率 f_s 取高($f_s > 2B_f$)，低通滤波器满足 $f_m < f_c < f_s - f_m$。

(4)本实验说明。本实验可以分别观测自然抽样与零阶保持抽样。其中自然抽样由抽样定理及滤波器模块 S3 完成；零阶保持抽样由数字信号处理模块 S4 完成。

①抽样定理及滤波器模块 S3 上的自然抽样功能。

为了防止原信号的频带过宽而造成抽样后频谱混迭，实验中常采用前置低通滤波器滤除高频分量，如图 2-27 所示。若实验中选用的原信号频带较窄，则不必设置前置低通滤波器。本模块采用有源低通滤波器，如图 2-28 所示。若给定截止频率 f_c，并取 $Q = \frac{1}{\sqrt{2}}$(为避免幅频特性出现峰值)，$R_1 = R_2 = R$，则：

$$C_1 = \frac{Q}{\pi f_c R}$$

$$C_2 = \frac{1}{4\pi f_c QR}$$

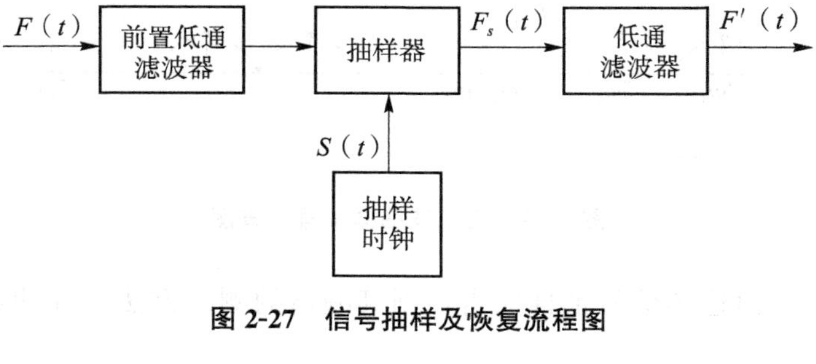

图 2-27　信号抽样及恢复流程图

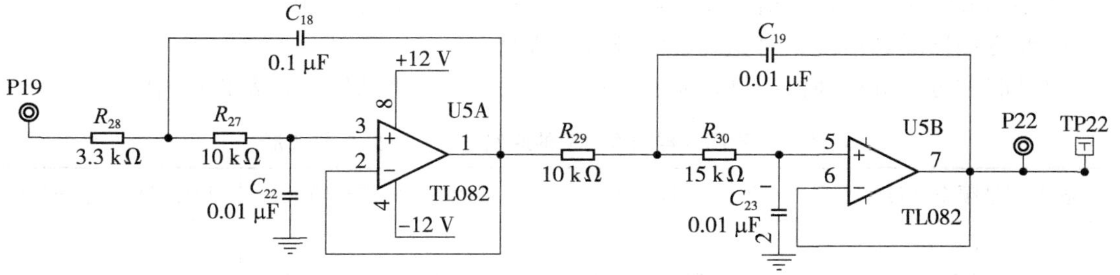

图 2-28 有源低通滤波器

四、实验任务

自然抽样及恢复(在模块 S3 上完成)。

1. 观察抽样信号波形

为了便于观察抽样信号的频谱，即抽样信号的频谱是原信号频谱的周期性延拓，选用正弦波作为被抽样信号进行实验。

①将 S2 模块中的扫频开关 S3 置为 OFF，调节模拟信号源上的 ROL1 旋钮和“模拟输出幅度调节”旋钮，使 P2 处输出频率为 1 kHz、幅度为 2 V 的正弦波。

②连接模拟信号源输出端 P2 与抽样定理模块 S3 的连续信号输入端 P17。

③将开关 S2 拨至“异步”，用示波器观察 TP20 处的抽样信号输出波形，调整电位器 W1，改变抽样频率，观察抽样信号的变化情况。

注：“异步”是指产生被抽样信号的发生器时钟与开关信号的产生时钟不是同一时钟源，是贴近实际的信号抽样过程，并且抽样频率连续可调，但不便于用示波器观察到稳定的抽样信号；“同步”是指产生被抽样信号的发生器时钟与开关信号的产生时钟是同一时钟源，便于观察到稳定的抽样信号，对比信号抽样前后及恢复信号的波形。

④将开关 S2 拨至“同步”，连接信号源及频率计模块 S2 中的 P5 与抽样定理模块 S3 上的外部开关输入点 P18。用示波器的两通道分别观察模拟信号输出端 P2、抽样信号输出波形 TP20，调整旋钮 S7 改变抽样频率，观察抽样信号的变化情况，并将结果填入表 2-9 中。

表 2-9 不同抽样频率对应的抽样信号波形

抽样频率/kHz	$F_s(t)$抽样信号 TP20 的波形
1	
2	
4	
8	

2. 验证抽样定理与信号恢复

①继续连线，连接模块 S3 的 P20 和 P19。

②用示波器接原始抽样信号输入点 TP17、恢复信号输出点 TP22。

③改变抽样时钟信号，对比观察信号恢复情况。

以“同步”方式进行抽样为例，完成下列观察任务，并将结果填入表 2-10 中。

表 2-10　不同抽样频率对应的原始信号和恢复信号波形

输入信号频率/kHz	抽样频率/kHz	TP17 原始信号输入	TP22 恢复信号输出
1	1		
1	2		
1	3		
1	4		

五、实验报告

(1)整理数据并填写表格，总结离散信号频谱的特点。

(2)总结在抽样及恢复过程中，抽样率和滤波器对系统的影响。

实验 2.7 信号卷积

一、实验目的

(1)理解卷积的概念及物理意义。

(2)通过实验的方法加深对卷积运算的图解方法及结果的理解。

二、实验器材

(1)双踪示波器一台。

(2)信号源及频率计模块 S2 一块。

(3)数字信号处理模块 S4 一块。

三、实验原理

卷积积分的物理意义是将信号分解为冲激信号之和，借助系统的冲激响应，求解系统对任意激励信号的零状态响应。设系统的激励信号为 $x(t)$，冲激响应为 $h(t)$，则系统的零状态响应为

$$y(t)=x(t)*h(t)=\int_{-\infty}^{\infty}x(t)h(t-\tau)\mathrm{d}\tau$$

对于任意两个信号 $f_1(t)$和 $f_2(t)$，两者做卷积运算定义为

$$f(t)=\int_{-\infty}^{\infty}f_1(t)f_2(t-\tau)\mathrm{d}\tau=f_1(t)*f_2(t)=f_2(t)*f_1(t)$$

1. 两个矩形脉冲信号的卷积过程

两信号 $x(t)$与 $h(t)$都是矩形脉冲信号，图解法的一般步骤如下。

(1)置换($t\rightarrow\tau$)，即 $f_1(t)\rightarrow f_1(\tau)$，$f_2(t)\rightarrow f_2(\tau)$。

(2)反褶($t\rightarrow-\tau$)，即 $f_2(t)\rightarrow f_2(-\tau)$。

(3)平移($-\tau\rightarrow t-\tau$)，即 $f_2(-\tau)\rightarrow f_2(t-\tau)$。

(4)相乘，即 $f_1(\tau)f_2(t-\tau)$。

(5)积分，即 $\int_{-\infty}^{+\infty}f_1(\tau)f_2(t-\tau)\mathrm{d}\tau$ 。

下面在图中描述不同占空比的矩形波的自卷积过程。

(1)占空比为 50%的矩形波自卷积过程如图 2-29 所示。占空比为 50%的矩形波又称为方波。

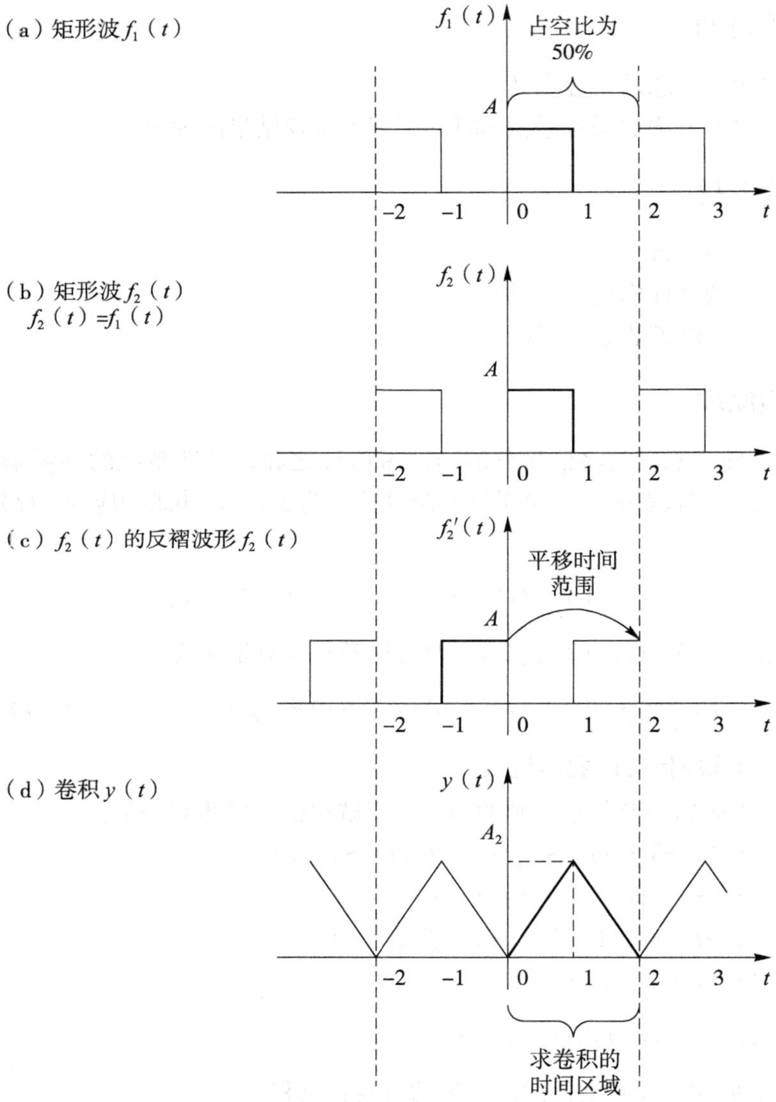

图 2-29　占空比为 50%的矩形波自卷积过程

(2)占空比为 25%的矩形波自卷积过程如图 2-30 所示。

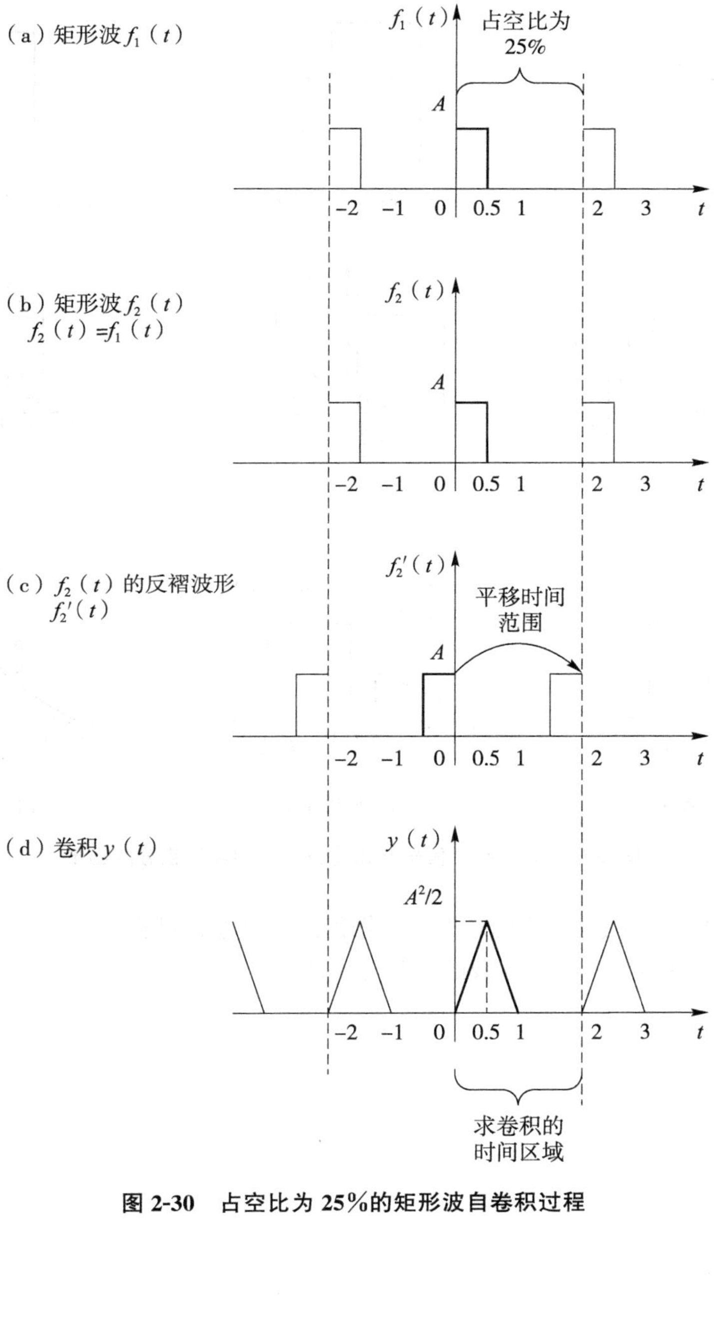

图 2-30 占空比为 25%的矩形波自卷积过程

2. 矩形脉冲信号与锯齿波信号的卷积

信号 $f_1(t)$为锯齿波信号，$f_2(t)$为矩形脉冲信号，如图 2-31(a)和图 2-31(b)所示。根据卷积积分的运算方法得到 $f_1(t)$和 $f_2(t)$的卷积积分结果 $y(t)$，如图 2-31(i)所示。

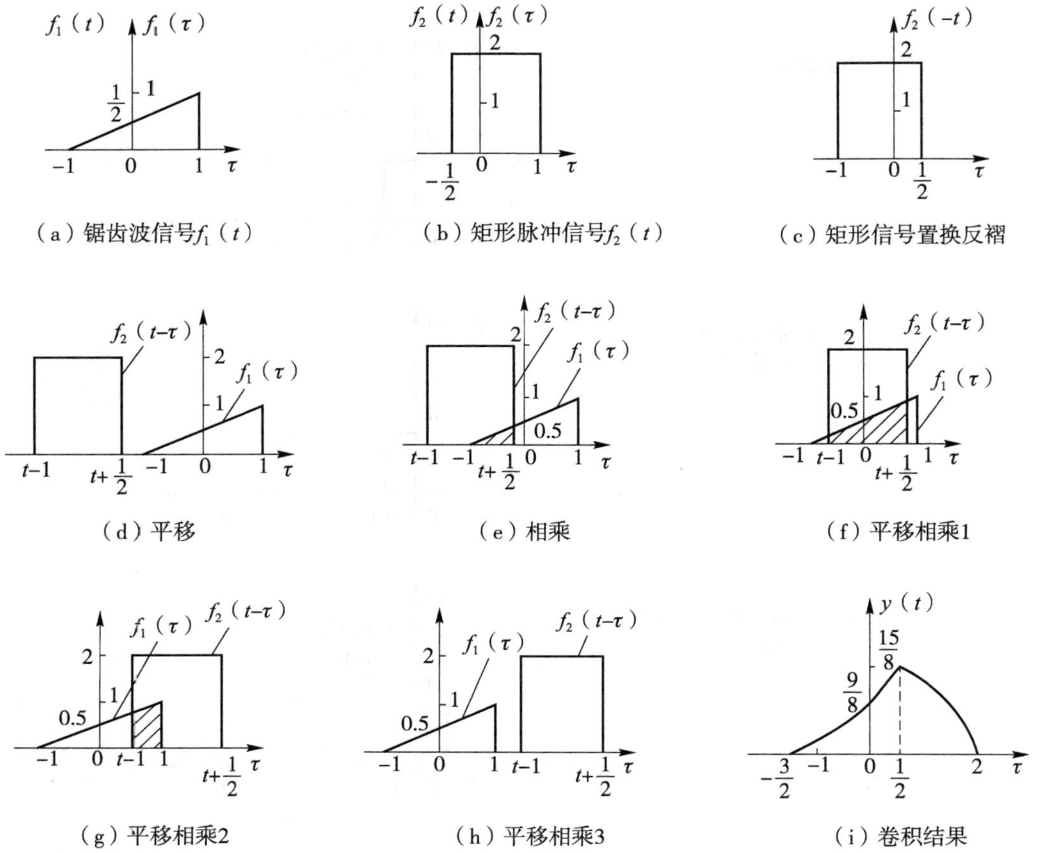

图 2-31　矩形脉冲信号与锯齿波信号的卷积积分的结果

下面在图中描述不同占空比的矩形波与锯齿波的互卷积过程。

矩形波的函数为 $f_1(t)$，锯齿波的函数为 $f_2(t)=2t$。

(1)占空比为 50%的矩形波与锯齿波的互卷积过程如图 2-32 所示。

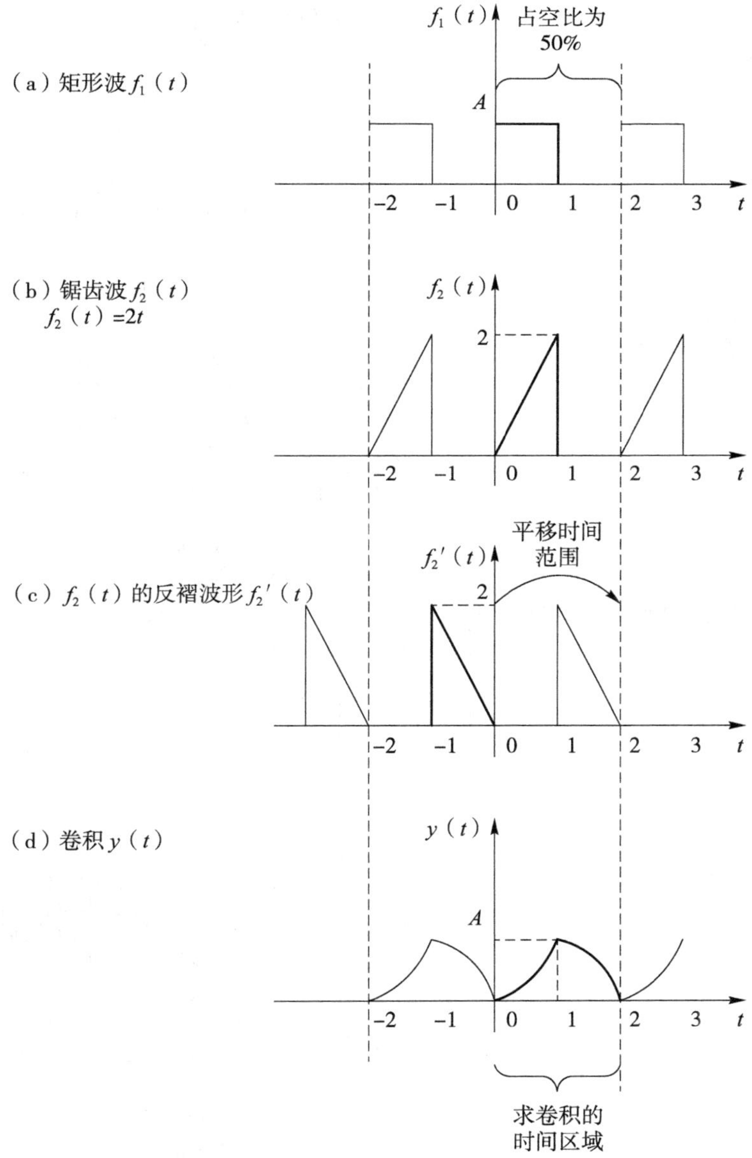

图 2-32 占空比为 50%的矩形波与锯齿波的互卷积过程

(2)占空比为 25%的矩形波与锯齿波的互卷积过程如图 2-33 所示。

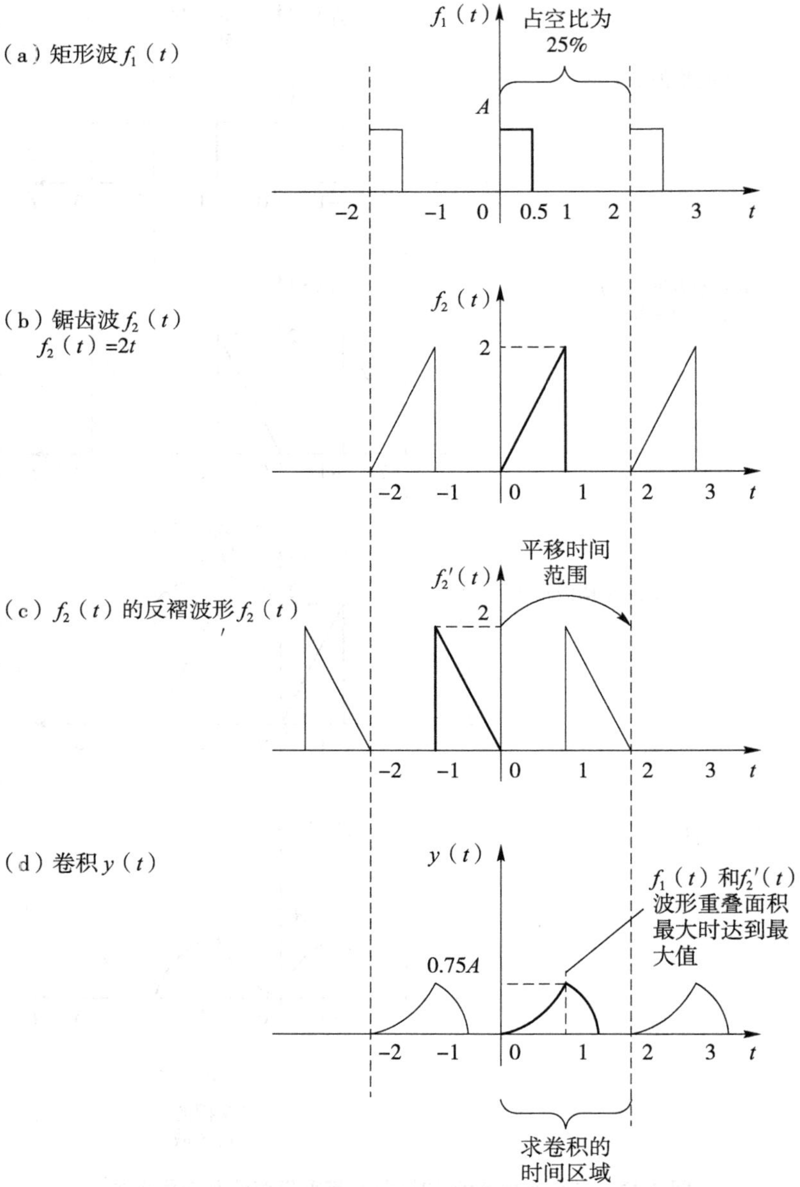

图 2-33　占空比为 25%的矩形波与锯齿波的互卷积过程

从图 2-33 可以看出，占空比为 25%的矩形波和锯齿波进行卷积的最大值为 0.75A。该最大值时刻，就是反褶的锯齿波在平移过程中，与矩形波重叠面积最大的时刻，如图 2-34 中阴影所示。

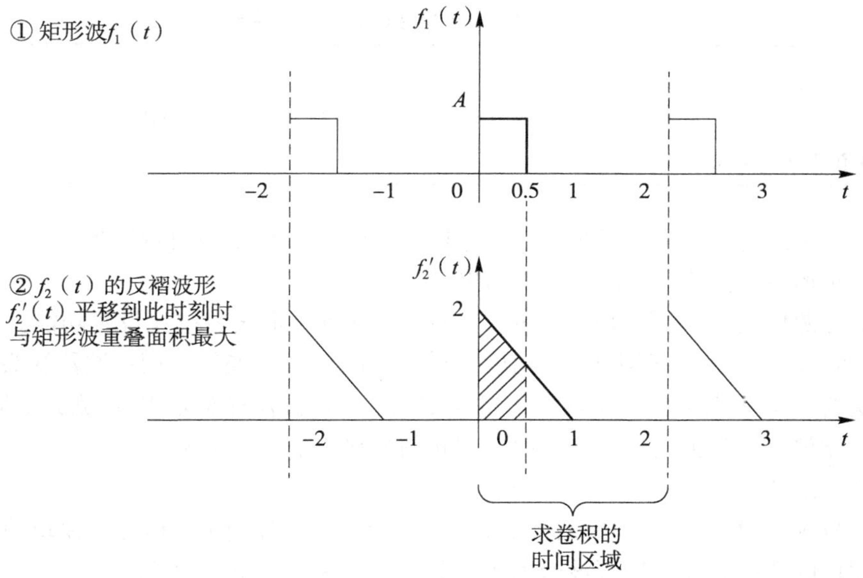

图 2-34 占空比为 25%的矩形波与锯齿波的重叠面积

此时卷积结果为阴影部分的梯形面积与矩形波的乘积，即：

$$\left(\frac{2\times1}{2}-\frac{1\times0.5}{2}\right)\times A=0.75A$$

注：式中用锯齿波面积减去小三角形面积得到阴影部分的梯形面积。

3. 本实验进行的卷积运算的实现方法

本系统采用 DSP 数字信号处理芯片，因此在处理模拟信号的卷积积分运算时，先通过 A/D 转换器把模拟信号转换为数字信号，利用所编写的相应程序控制 DSP 芯片实现数字信号的卷积运算，再把运算结果通过 D/A 转换器转换为模拟信号输出。其结果与模拟信号的直接运算结果是一致的。数字信号处理系统逐步并完全取代模拟信号处理系统是科学技术发展的必然趋势。

四、实验任务

任务一 矩形脉冲信号的自卷积

①连接信号源及频率计模块 S2 的模拟输出端 P2 和数字信号处理模块 S4 的 P9。

②调节信号源模块使 P2 输出矩形波信号：将扫频开关 S3 拨至 OFF，调节 ROL1 使矩形波的频率为 500 Hz，调节 W1 模拟输出幅度为 1 V。然后长按 ROL1 旋钮约 2 s 后，旋转调节 ROL1，使数码管上显示数据“50”(占空比为 50%)。

③将拨动开关 SW1 调整为 00000010，即设置为自卷积功能。

④按下复位键 S2。

⑤将示波器的探头 CH1 接于 P2，探头 CH2 接于 TP1。对比观察占空比为 50%的输入信号与卷积后的输出信号波形，将结果填入表 2-11 中。

表 2-11 输入信号和卷积后的输出信号

频率	信号	
	输入信号 $f_1(t)$或 $f_2(t)$	输出信号 $f_1(t)*f_2(t)$
脉冲频率为 500 Hz		

本实验中采用的是两个矩形脉冲信号卷积，最后在 TP1 上应可观测到一个三角波。

⑥改变矩形波占空比，观测自卷积输出。

长按信号源模块的“频率调节”旋钮后，使其切换到矩形波占空比设置功能。再旋转“频率调节”旋钮，改变信号源模块 P2 输出的矩形波的占空比至 25%。用示波器探头 CH1 观测信号源模块的 P2，可观测到矩形波的占空比变化。用示波器探头 CH2 观测数字信号处理模块的 TP1，观测在矩形波占空比变化时，卷积信号输出的变化情况。

⑦改变矩形波的幅度，观测自卷积输出。

调节信号源模块的 W1 使 P9 的幅值为 2 V。用示波器分别观测信号源模块的 P2 和数字信号处理模块的 TP1，了解矩形波幅度改变时，自卷积的输出变化情况。

任务二　矩形波与锯齿波信号的互卷积

激励信号幅度为 1 V、频率为 500 Hz、占空比约为 50%的矩形波信号，由信号源模块提供并输入到数字信号处理模块的 P9；系统信号固定幅度为 2 V、频率为 500 Hz 的锯齿波信号，锯齿波信号由数字信号处理模块内部产生，其对应测试点为 TP2。卷积输出测试点为 TP1。

①连接信号源及频率计模块 S2 的 P2 与数字信号处理模块 S4 的 P9。

②调节信号源上相应的旋钮，使 P2 输出幅度为 1 V、频率为 500 Hz、占空比为 50%的矩形波。

③将 S4 模块的拨动开关 SW1 调整为 00000011，并按复位键 S2。

④用示波器探头连接数字信号处理模块 S4 上的 TP2，观测锯齿波的波形。

⑤用示波器探头连接数字信号处理模块 S4 上的 TP1，观测卷积后输出信号的波形。将观测结果填入表 2-12 中。

表 2-12 输入信号和卷积后的输出信号

频率	信号		
	锯齿波 TP2$f_1(t)$	矩形波 P2$f_2(t)$	输出信号 TP1$f_1(t)*f_2(t)$
脉冲频率为 500 Hz			

⑥改变矩形波占空比，观测互卷积输出。

长按信号源模块的“频率调节”旋钮后，使其切换到矩形波占空比设置功能。再旋转“频率调节”旋钮，改变信号源模块 P2 输出的矩形波的占空比至 25%。用示波器探头 CH1 观测信号源模块的 P9，可观测到 P9 输出矩形波的占空比变化。用示波器探头 CH2 观测数字信号处理模块的 TP1，可观测矩形波占空比变化为 25％时，互卷积信号输出的变化情况。

⑦改变矩形波的幅度，观测互卷积输出。

调节信号源模块的 W1 使 P9 的幅值为 2 V。用示波器分别观测信号源模块的 P2 和数字信号处理模块的 TP1，了解矩形波幅度改变时，互卷积的输出变化情况。

五、实验报告

按要求记录各实验数据，分别填写表 2-11 和表 2-12。

实验 2.8　信号分解及合成

一、实验目的

(1)了解和熟悉波形分解与合成的原理。

(2)了解和掌握使用傅里叶级数进行谐波分析的方法。

二、实验器材

(1)双踪示波器一台。

(2)数字万用表一台。

(3)信号源及频率计模块 S2 一块。

(4)数字信号处理模块 S4 一块。

三、实验原理

1. 信号的频谱与测量

信号的时域特性和频域特性是对信号的两种不同的描述方式。对于一个时域周期信号 $f(t)$，只要满足狄利克雷(Dirichlet)边界条件，就可以将其展开成三角形式或指数形式的傅里叶级数。

例如，对于一个周期为 T 的时域周期信号 $f(t)$，可以用三角形式的傅里叶级数求出它的各次分量，在区间(t_1，t_1+T)内表示为

$$f(t)=a_0+\sum_{n=1}^{\infty}(a_n\cos n\Omega t+b_n\sin n\Omega t)$$

即将信号分解成直流分量及许多余弦分量和正弦分量，研究其频谱分布情况。

信号的时域特性与频域特性之间有着密切的内在联系，这种联系可以用图 2-35 形象地表示。其中图 2-35(a)是信号在幅度-时间-频率三维坐标系统中的图形；图 2-35(b)是信号在幅度-时间坐标系统中的图形，即波形图。把周期信号分解得到的各次谐波分量按频率的高低排列，就可以得到频谱图。反映各频率分量幅度的频谱被称为振幅频谱。图 2-35(c)是信号在幅度-频率坐标系统中的图形，即振幅频谱图。反映各分量相位的频谱被称为相位频谱。本实验只研究信号振幅频谱。周期信号的振幅频谱有三个性质：离散性、谐波性、收敛性，测量时利用了这些性质。从振幅频谱图上可以直观地看出各频率分量所占的比重。测量方法有同时分析法和顺序分析法。

同时分析法的基本工作原理是利用多个滤波器，把它们的中心频率分别调到被测信号的各个频率分量上。当被测信号同时加到所有滤波器上，中心频率与信号所包含的某次谐波分量频率一致的滤波器便有输出。在被测信号发生的实际时间内可以同时测得信号所包含的各频率分量。本实验采用同时分析法进行频谱分析，如图 2-36 所示。

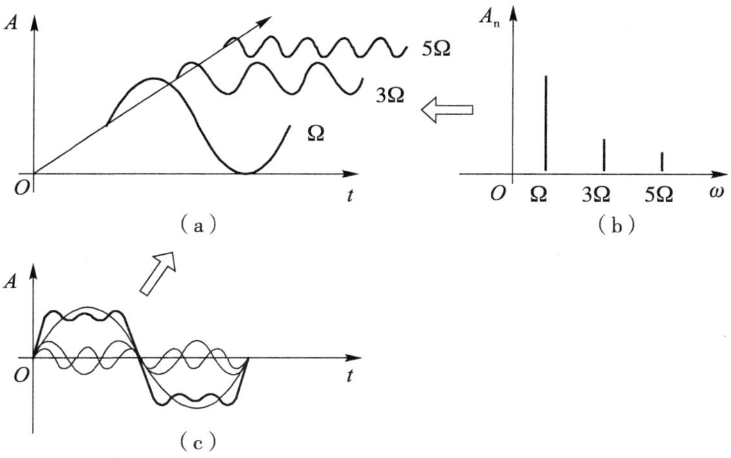

图 2-35　信号的时域特性和频域特性

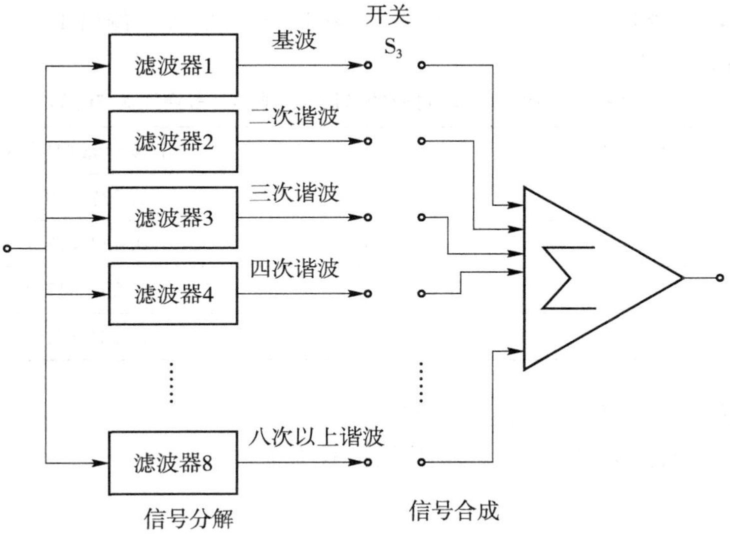

图 2-36　用同时分析法进行频谱分析

2. 矩形波信号的分解

(1)占空比为 50%的矩形波信号的分解

以如图 2-37 所示的占空比为 50%的矩形波信号为例。

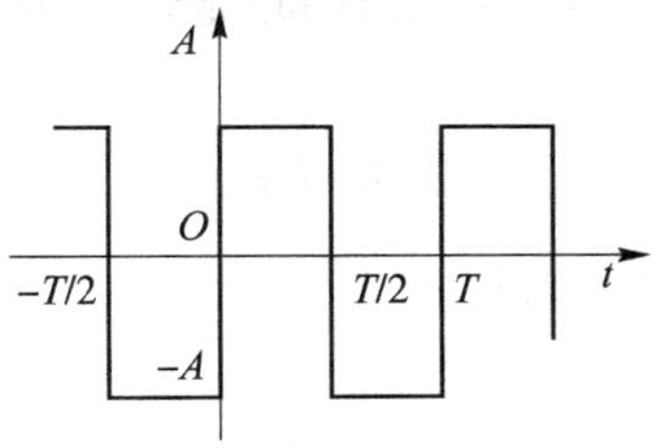

图 2-37　占空比为 50%的矩形波信号

矩形波在一个周期的解析式为

$$f(t)=\begin{cases}A & 0<t\leqslant\dfrac{T}{2}\\ -A & \dfrac{T}{2}<t\leqslant T\end{cases}$$

故有

$$B_{km}=\frac{4}{T}\int_0^{T/2}A\sin k\omega t\,\mathrm{d}t=-\frac{4A}{Tk\omega}\left(\cos k\omega t\Big|_0^{T/2}\right)$$
$$=\frac{4A}{k\pi}\qquad k=1,\ 3,\ 5,\ 7,\ \cdots$$

于是，所求级数

$$f(t)=\frac{4A}{\pi}\left(\sin\omega t+\frac{1}{3}\sin 3\omega t+\frac{1}{5}\sin 5\omega t+\frac{1}{7}\sin 7\omega t+\cdots\right)$$

只有 1、3、5、7 等奇次谐波分量，偶次谐波为 0。

如 $A=1$ 时，信号幅度为 −1 V～+1 V，根据上面的公式可得出 1、3、5、7 次谐波分量信号峰值如表 2-13 所示。

表 2-13　不同谐波次数对应的谐波分量幅度(占空比为 50%)

谐波次数	谐波分量幅度/V
1	1.273 239 5
3	0.424 413 1
5	0.254 647 9
7	0.181 891 4

(2)占空比为 40%的矩形波信号的分解

以图 2-38 所示的占空比为 40%的矩形波信号为例。

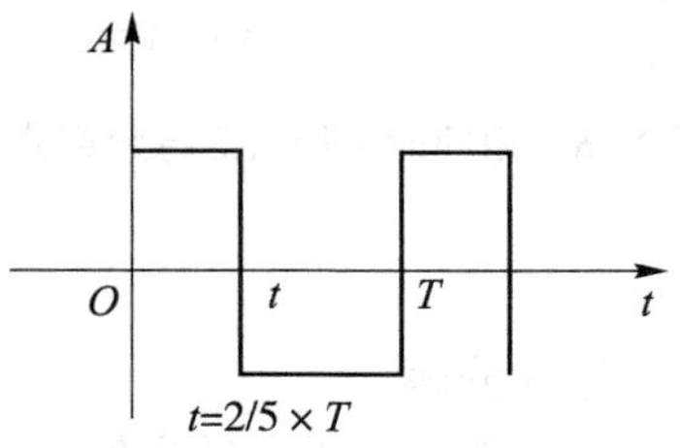

图 2-38　占空比为 40%的矩形波信号

矩形波信号占空比为 40%，结合图 2-38 可知 $t=\dfrac{2T}{5}$。

由图 2-38 可知信号为奇函数，因此

$$a_n=0$$

$$b_n=\frac{2A}{n\pi}\sin\left(\frac{n\pi t}{T}\right)=\frac{2A}{n\pi}\sin\left(\frac{2n\pi}{5}\right)\qquad(n=1,\ 2,\ \cdots)$$

将上式代入傅里叶级数公式，可得到展开级数为：

$$f(t)=\frac{2A}{\pi}\sum_{n=1}^{\infty}\left[\sin\left(\frac{2}{5}n\pi\right)\sin(n\omega_0 t)\right]\quad (n=1,\ 2,\ \cdots)$$

由以上公式可算出当矩形波峰峰值为 2 V($A=2$)时，占空比为 40%的矩形波信号各次谐波分量幅度如表 2-14 所示。

表 2-14　不同谐波次数对应的谐波分量幅度(占空比为 40%)

谐波次数	谐波分量幅度/V
1	1.210 9
2	0.374 2
3	0.249 5(注意，这里算出来的值应该为−0.249 5，从频域上是看不出来符号位的，从时域上看与基波相位相反)
4	0.302 7(注意，这里算出来的值应该为−0.302 7，从频域上是看不出来符号位的，从时域上看与基波相位相反)
5	0
6	0.201 8
7	0.106 9

3. 三角波信号的分解

以图 2-39 所示的三角波为例。

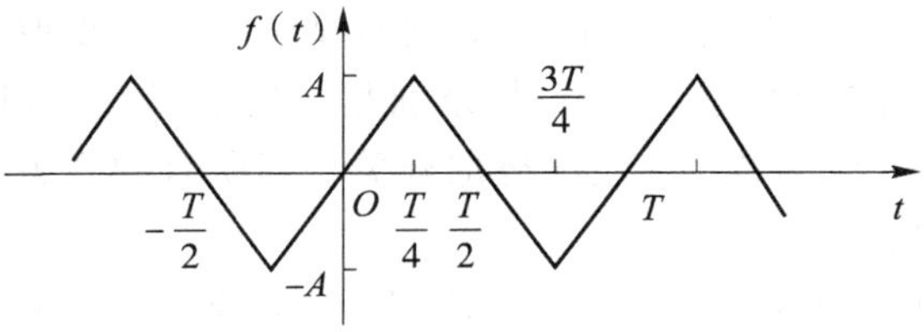

图 2-39　三角波

由于
$$f(t)=\begin{cases}\dfrac{4A}{T}t & 0\leqslant t\leqslant\dfrac{T}{4}\\[2mm] -\dfrac{4A}{T}t+2A & \dfrac{T}{4}\leqslant t\leqslant\dfrac{T}{2}\end{cases}$$

故有

$$B_{km}=\frac{4}{T}\int_0^{T/4}\frac{4A}{T}t\sin k\omega t\,\mathrm{d}t-\frac{4}{T}\int_{T/4}^{T/2}\left(\frac{4A}{T}t-2A\right)\sin k\omega t\,\mathrm{d}t$$

参照积分公式 $\int x\sin ax\,\mathrm{d}x=\frac{1}{a^2}\sin ax-\frac{1}{a}x\cos ax$，

可得
$$B_{km}=\begin{cases}\dfrac{8A}{k^2\pi^2} & k=1,\ 5,\ 9,\ \cdots,\ 4n-3(n\geqslant1)\\[2mm] -\dfrac{8A}{k^2\pi^2} & k=3,\ 7,\ 11,\ \cdots,\ 4n-1(n\geqslant1)\end{cases}$$

于是所求傅里叶级数为

$$f(t)=\frac{8A}{\pi^2}\left(\sin \omega t-\frac{1}{3^2}\sin 3\omega t+\frac{1}{5^2}\sin 5\omega t-\frac{1}{7^2}\sin 7\omega t+\cdots\right)$$

以 $A=1$ 为例，得到 1、3、5、7 次谐波分量幅度如表 2-15 所示。

表 2-15　不同谐波次数对应的谐波分量幅度(三角波)

谐波次数	谐波分量幅度/V
1	0.810 569 4
3	0.090 063 2
5	0.032 422 8
7	0.016 542 2

4. 信号的分解提取

进行信号分解和提取是滤波系统的一项基本任务。当仅对信号的某些分量感兴趣时，可以利用选频滤波器提取其中有用的部分，而将其他部分滤去。

目前，DSP 数字信号处理系统构成的数字滤波器已基本取代了传统的模拟滤波器，数字滤波器与模拟滤波器相比具有许多优点。用 DSP 构成的数字滤波器具有灵活性高、精度高、稳定性高、体积小、便于实现等优点，因此选用数字滤波器来实现信号的分解。

在数字滤波器模块上，选用了有 8 路输出的 D/A 转换器 TLV5608(U402)，因此设计了 8 个滤波器(1 个低通、6 个带通、1 个高通)将复杂信号分解提取为某几次谐波。分解输出的 8 路信号可以用示波器观察，测量点分别是 TP1、TP2、TP3、TP4、TP5、TP6、TP7、TP8。开关 S3 的 8 位为各次谐波的叠加开关，当所有的开关都闭合时各次谐波叠加的合成波形从 TP8 输出。

注： 开关 S3 的第 1 位到第 8 位依次为 1 次到 8 次以上谐波控制开关。

5. 信号的合成

矩形脉冲信号通过 8 路滤波器输出各次谐波分量，DSP 把每次谐波的值相加后从 TP8 输出，哪一次或哪几次谐波叠加是通过开关 S3 的 8 位的状态决定(闭合为加)的。分解前的原始信号(观测 TP9)和合成后的信号应该相同。

电路中用一个 8 位的拨码开关 S3 分别控制各路滤波器输出的谐波是否参与信号合成，把拨码开关 S3 的第 1 位闭合，则基波参与信号的合成。把 S3 的第 2 位闭合，则二次谐波参与信号的合成，以此类推，若 8 位开关都闭合，则各次谐波全部参与信号合成。另外可以选择多种组合进行波形合成，例如，可选择基波和三次谐波的合成，可选择基波、三次谐波和五次谐波的合成，等等。

用 MATLAB 仿真得到的矩形波谐波相加的结果如图 2-40 所示(使用频率为 500 Hz、幅度为 2 V、占空比为 50%的方波)。

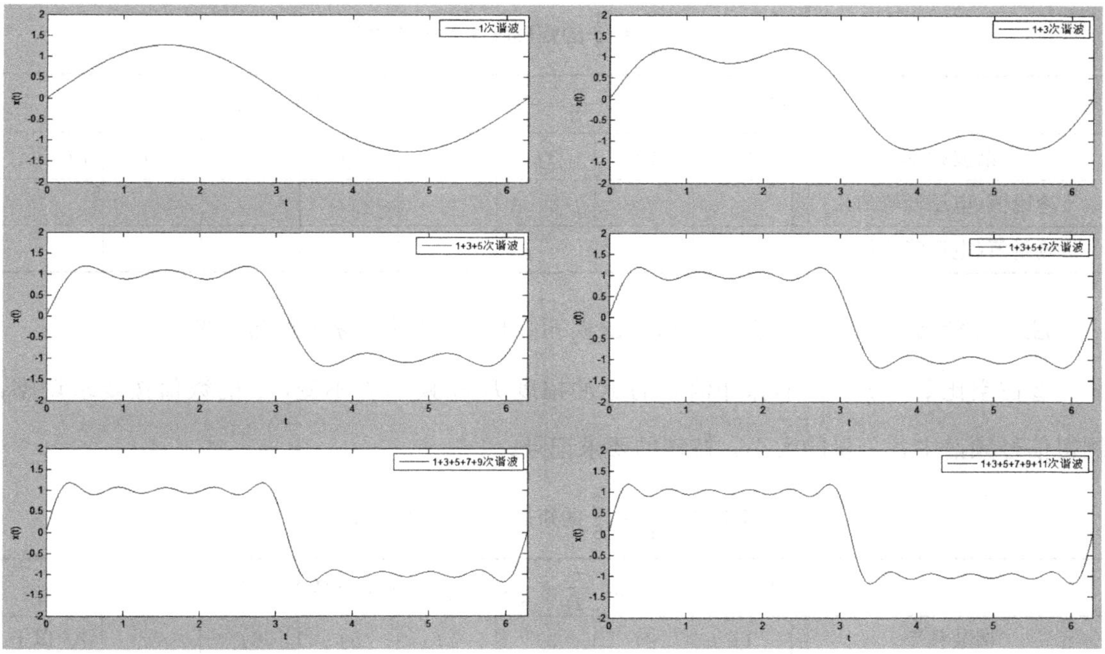

图 2-40　用 MATLAB 仿真得到的矩形波谐波相加的结果

6. 输入信号极限值说明

幅度：当输入信号的幅度超过 3 V 时，输出信号的谐波幅度会和理论值有较大的误差。这是由芯片自身原因引起的。

频率：输入矩形波信号的可选频率有 400 Hz、500 Hz、600 Hz。

占空比：矩形波占空比可调位置为 40%、50%，如果使用其余的占空比，矩形波输出信号会和理论值有较大的误差。

四、实验任务

任务一　矩形波的分解

(1)连接信号源及频率计模块 S2 上的信号输出端 P2 与数字信号处理模块 S4 上的 P9。

(2)设置信号源模块 S2，使 P2 输出幅度为 2 V、频率为 500 Hz(或 400 Hz、600 Hz)的矩形波(占空比调为 50%)。

(3)将拨动开关 SW1 调整为 00000101，并在需要时按下复位键开关 S2，即选择矩形信号分解及合成功能。将开关 S3 拨为 00000000。

(4)用示波器分别观察 S4 模块上的测试点 TP1～TP7 处输出的一次谐波至七次谐波的波形及 TP8 处输出的七次以上谐波的波形。

根据表 2-16、表 2-17 改变输入信号参数进行实验，并记录实验结果。

①占空比$\frac{\tau}{T}=\frac{1}{2}$：$\tau$ 的数值按要求调整，测得信号频谱中各分量的大小，按表的要求记录。

表 2-16　$\frac{\tau}{T}=\frac{1}{2}$的矩形脉冲信号的频谱

f=500 Hz，T=____ μs，$\frac{\tau}{T}=\frac{1}{2}$，$\tau$=____ μs，$E(V)$=2 V								
谐波频率	$1f$	$2f$	$3f$	$4f$	$5f$	$6f$	$7f$	$7f$ 以上
理论值(电压峰峰值)								
测量值(电压峰峰值)								

注： 自行创建表格，记录 f=400 Hz 或 600 Hz 时的信号分解频谱情况。

②占空比$\frac{\tau}{T}=\frac{2}{5}$：矩形脉冲信号的脉冲幅度 E 和频率 f 不变，τ 的数值按要求调整，测得信号频谱中各分量的大小，按表的要求记录。

表 2-17　$\frac{\tau}{T}=\frac{2}{5}$的矩形脉冲信号的频谱

f=500 Hz，T=____ μs，$\frac{\tau}{T}=\frac{2}{5}$，$\tau$=____ μs，$E(V)$=2 V								
谐波频率	$1f$	$2f$	$3f$	$4f$	$5f$	$6f$	$7f$	$7f$ 以上
理论值(电压峰峰值)								
测量值(电压峰峰值)								

任务二　矩形波的合成

(1)用示波器观测 S4 模块上的 TP8，把 S4 模块的拨码开关 S3 拨为 10000000，观察合成输出波形(此时只有基波)，并与信号源模块的 P2 信号进行比较。

(2)再将拨码开关 S3 拨为 11000000，在 TP8 处观察一次与二次谐波的合成波形(由于矩形波分解后偶次谐波都为零，合成后应仍是基波的波形)。

(3)以此类推，按表 2-18 中的合成要求，设置拨码开关 S3，观察各波形的合成情况，并记录实验结果。

表 2-18　矩形脉冲信号的各次谐波之间的合成

波形合成要求	合成后的波形
基波与三次谐波合成	
三次与五次谐波合成	
基波与五次谐波合成	
基波、三次与五次谐波合成	
所有谐波合成	
没有三次谐波的其他谐波合成	
没有五次谐波的其他谐波合成	
没有七次以上高次谐波的其他谐波合成	

任务三　三角波的分解与合成

(1)设置信号源及频率计模块S2，使P2输出幅度为2 V、频率约为500 Hz(或400 Hz、600 Hz)的三角波。

(2)参照任务一及任务二的内容，自行设置并创建表格，记录三角波分解与合成的相关数据，并画出合成波形。

五、实验报告

按要求记录各实验数据，总结周期信号的分解与合成原理。

第三章

MATLAB 仿真及应用实验

章节导读

MATLAB 仿真及应用实验是“MATLAB 仿真及应用”课程指导下开展的实操练习。MATLAB 是一种以数值计算和数据图示为主的计算机软件，并包含适应多个学科的专业软件包，以及完善的程序开发功能。本章主要介绍 MATLAB 语言的应用环境、调试命令，各种基本命令和高级操作命令，绘图功能函数，循环和条件分支等控制流语句。本章共 10 个实验，包含 MATLAB 基本操作、矩阵基本运算、矩阵分析、MATLAB 程序设计、二维曲线的绘制、MATLAB 数据分析、GUI 设计和 SIMULINK 仿真。

本章的学习目标如下。

(1)掌握 MATLAB 语言的编程基础。

(2)掌握 MATLAB 的数据类型、矩阵的输入和操作方法、语法结构、函数的使用以及常用的绘图功能。

(3)能在后续的学习过程中较熟练地应用 MATLAB 解决相关课程中复杂的数学计算问题。

(4)使用 GUI 设计小程序。

(5)使用 SIMULINK 进行仿真。

实验 3.1　MATLAB 基本操作

一、实验目的

(1)掌握 MATLAB 的启动和退出。
(2)熟悉 MATLAB 的命令窗口。
(3)熟悉其他常用窗口和工具栏。

二、实验环境

(1)计算机。
(2)MATLAB 2017。

三、实验要求

(1)熟悉 MATLAB 2017 的运行环境，能够正确操作该软件。
(2)按照实验内容自主编写程序，完成实验报告，必要时参考相关资料。
(3)实验学时：2 学时。

四、实验内容

1. 启动和退出 MATLAB 的开发环境

2. 熟悉 MATLAB 的操作界面

(1)熟悉命令窗口(command window)，其界面如图 3-1 所示。

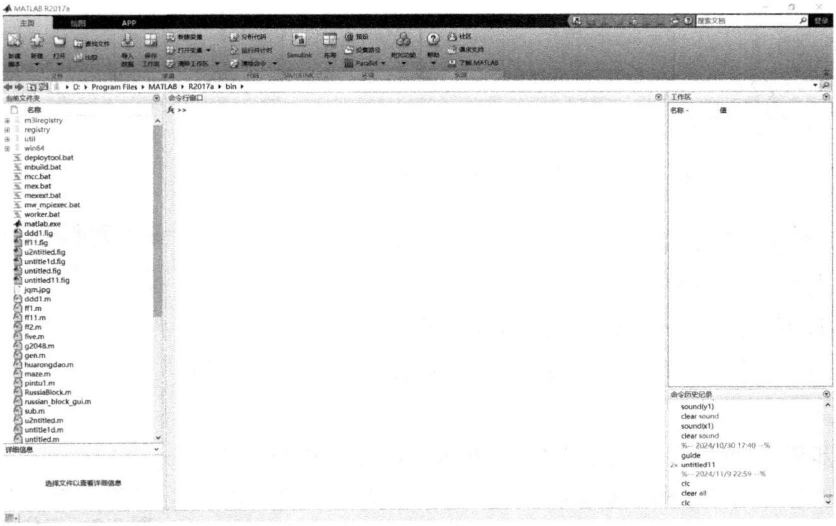

图 3-1　命令窗口界面

单击命令窗口右上角的三角可以将命令窗口从操作桌面独立出来，单击命令窗口 view 菜单下的 Dock Command window 可以使命令窗口嵌入操作桌面。

①在命令窗口的提示符“>>”后面输入以下指令：

```
12+2*(7-4))/3^2
```

观察命令窗口中的结果。

②在命令窗口中输入下面一段程序，其功能是：画出衰减振荡曲线 $y=e^{-\frac{t}{3}}\sin 3t$ 及其他的包络线 $y_0=e^{-\frac{t}{3}}$。t 的取值范围是$[0,4\pi]$。

```
t=0:pi/50:4*pi;
y0=exp(-t/3);
y=exp(-t/3).*sin(3*t);
plot(t, y, '-r', t, y0, ':b', t, -y0, ':b')
```

观察输出结果。

③在命令窗口中输入：

```
y1=2*sin(0.3*pi)/(1+sqrt(5))
```

然后利用回调指令计算

```
y2=2*cos(0.3*pi)/(1+sqrt(5))
```

④练习四个方向键的功能。

(2)熟悉历史命令窗口(command history)。

观察历史命令窗口，利用“Ctrl+左键”选中下面几行指令，另存 m 文件。

```
t=0:pi/50:4*pi;
y0=exp(-t/3);
y=exp(-t/3).*sin(3*t);
plot(t, y, '-r', t, y0, ':b', t, -y0, ':b')
```

(3)熟悉当前目录浏览器(current directory)。

①观察当前目录是什么。

②在 E 盘下建立一个名为 mydir 的文件夹。

(4)熟悉工作空间浏览器(workspace browser)，如图 3-2 所示。

图 3-2　工作空间浏览器

在以上步骤的基础上，观察工作空间浏览器中有哪些变量。在命令窗口中输入 who 和 whos 两条指令，观察指令窗口中的结果。

(5)熟悉脚本文件编辑器及运行一个简单的程序。

新建 m 文件，在编辑调试器的空白框中输入以下指令，运行并保存结果。

```
t=0:pi/50:4*pi;
y0=exp(-t/3);
y=exp(-t/3).*sin(3*t);
plot(t, y, '-r', t, y0, ':b', t, -y0, ':b')
```

(6)在命令窗口中分别输入以下命令并观察其作用：clear，clc，clf，cd，exit，quit。MATLAB 中的常用命令如表 3-1 所示。

表 3-1　MATLAB 中的常用命令

命令名	作用
clear	清除当前工作区中的所有变量
clc	清除指令窗口中的内容(未清除当前工作区中的变量)
clf	清除图形窗口
cd	设置当前工作目录
exit，quit	退出 MATLAB

(7)了解 MATLAB 帮助系统。

①在指令窗口中输入 help eye 指令，阅读关于 eye 的帮助信息。

②单击 MATLAB 的 help 菜单项，查看自己所需的帮助信息。

五、实验报告

(1)自定义 t 的范围，绘制 $y=e^{-\frac{t}{3}}\sin 3t$ 的曲线。

(2)叙述四个方向键的功能。

(3)使用 help 菜单查找 plot 函数的使用方法。

实验 3.2　矩阵基本运算

一、实验目的

(1)进一步熟悉 MATLAB 编程环境。

(2)掌握建立矩阵的几种方法。

(3)理解常用的矩阵运算。

二、实验环境

(1)计算机。

(2)MATLAB 2017。

三、实验要求

(1)使用 MATLAB 2017 运行环境进行操作。

(2)自主编写程序，必要时参考相关资料。

(3)实验学时：2 学时。

四、实验内容

(1)用空格和逗号分别建立两个 5×4 的矩阵 **A** 和 **B**，并实现它们之间的加法与减法运算。

(2)使用 **A** 和 **B** 建立一个 10×4 的矩阵。

(3)用 linspace 产生一个从 1 到 20 的行向量。

(4)比较 **A** 和 **B** 的大小(>、<、==)，并用常量 3 与其中一个矩阵进行比较，分析结果。

(5)产生一个 5 阶随机方阵 **A**，元素为[5,45]区间内的随机整数，然后判断 **A** 的元素能否被 5 整除，能整除的输出 0，不能整除的输出 1。

(6)求下列表达式的值：

①$z_1=\dfrac{2\sin 85^\circ}{1+e^2}$。

②$y=\dfrac{e^{-x}-\tan 73^\circ}{10^{-5}+\ln|\sin^2 x-\sin x^2|}$，其中 $x=\sqrt[3]{1+\pi}$，求 y 的值。

③$z_3=\dfrac{e^{0.3a}-e^{-0.3a}}{2}\sin(a+0.3)+\ln\dfrac{0.3+a}{2}$($a=-3.0$，$-2.9$，…，$2.9$，$3.0$)。

(7)设有矩阵 **A** 和 **B**

$$\boldsymbol{A}=\begin{bmatrix}1 & 2 & 3 & 4 & 5\\ 6 & 7 & 8 & 9 & 10\\ 11 & 12 & 13 & 14 & 15\\ 16 & 17 & 18 & 19 & 20\\ 21 & 22 & 23 & 24 & 25\end{bmatrix},\ \boldsymbol{B}=\begin{bmatrix}3 & 0 & 16\\ 17 & -6 & 9\\ 0 & 23 & -4\\ 9 & 7 & 0\\ 4 & 13 & 11\end{bmatrix}$$

①求它们的乘积 **C**。

②将矩阵 **C** 的右下角 3×2 子矩阵赋给 **D**。

③取出矩阵 **C** 的第 3 行和第 5 行。

(8)求[100，999]之间能被 21 整除的数的个数(先利用冒号表达式，再利用 find 和 length 函数)。

(9)建立一个字符串向量，删除其中的大写字母(利用 find 函数和空矩阵)。

五、实验报告

独立完成以上 9 个实验内容，并把结果截图粘贴或者记录到下面空白位置。

实验 3.3　矩阵分析

一、实验目的

(1)学会求矩阵的对角线元素、对角矩阵和逆矩阵。
(2)学会求矩阵的行列式的值、矩阵的秩。
(3)学会求矩阵的特征值和特征向量。
(4)通过练习熟悉矩阵分析方法。

二、实验环境

(1)计算机。
(2)MATLAB 2017。

三、实验要求

(1)在 MATLAB 2017 运行环境下进行操作。
(2)自主编写程序，完成实验报告。
(3)实验学时：2 学时。

四、实验内容

(1)使用 ones 或 zeros 函数绘制以下图形(离散图形绘制命令为 stem)：

①$\delta(n-3)=\begin{cases}1 & n=3\\0 & n\neq 3\end{cases}$；

②$u(n-3)=\begin{cases}1 & n\geqslant 3\\0 & n<3\end{cases}$。

(2)建立一个 6×6 的矩阵，实现将每行元素分别乘以 2、4、6、8、10、12 的运算，然后再实现将每列元素分别乘以 2、4、6、8、10、12 的运算。

(3)产生一个 5 阶随机方阵 **A**，元素为[5，45]区间内的随机整数，然后判断 **A** 的元素能否被 5 整除，能整除的输出 0，不能整除的输出 1。

(4)定义一个 5×5 的矩阵，并求出它的转置矩阵。

(5)定义一个 3 阶魔方矩阵，求出它的秩、迹、特征值、特征值构成的对角矩阵，以及特征向量构成的列向量。

(6)用求特征值的方法解方程 $2x^7-4x^5+3x^2+2x+15=0$。

(7)求下列线性方程组的解：

$$\begin{cases}5x_1+2x_3=3\\2x_1+x_2-2x_3=9\\14x_1+3x_2-5x_3=18\end{cases}$$

(8)求字符串“ABc123d4eFg”的 ASCII 码。

五、实验报告

分析实验内容，写出完整的程序代码，并把结果截图粘贴或者记录到下面空白位置。

实验 3.4 MATLAB 程序设计 1

一、实验目的

(1)掌握 MATLAB 的 m 文件的使用：打开、新建、编辑、保存和调用。

(2)掌握 if 语句和 switch 语句的使用。

(3)掌握分支结构程序设计方法。

(4)通过练习理解 MATLAB 编程方法和分支结构程序设计方法。

二、实验环境

(1)计算机。

(2)MATLAB 2017。

三、实验要求

(1)使用 MATLAB 2017 运行环境操作。

(2)自主编写程序，完成实验报告，必要时参考相关资料。

(3)实验学时：2 学时。

四、实验内容

(1)使用脚本文件直接实现直角坐标(x，y)与极坐标(ρ，θ)之间的转换。

(2)使用 if 语句计算分段函数的值。

$$y=\begin{cases}x+5 & x\geqslant 0\\ 5^x+5x & x<0\end{cases}$$

(3)随机产生一个三位数，将它的十位数变为 0 后输出。例如，输入 359，输出 309。

(4)从键盘输入一个三位数，将它反向输出。例如，输入 639，输出 936。

(5)分别用 if 语句和 switch 语句实现以下功能：输入一个百分制成绩，要求输出成绩等级 A，B，C，D，E。其中 90～100 分为 A，80～89 分为 B，70～79 分为 C，60～69 分为 D，60 分以下为 E。对不合理的成绩应输出错误信息。

(6)输入一个正实数 x，分别输出 x 的整数部分和小数部分。

(7)建立 5×6 的矩阵，要求输出第 n 行元素，当 n 值超过矩阵的行数时，自动转为输出矩阵最后一行元素，并给出出错信息。

(8)某公司员工的工资计算方法如下：

①工时数超过 120 小时者，超过 120 小时的部分加发 15%；

②工时数低于 60 小时者，扣发 700 元；

③其余按照每小时 84 元计发。

输入员工的工时数，计算应发工资。

五、实验报告

分析上述实验内容，写出程序代码，并把结果截图粘贴或者记录到下面空白位置。

实验 3.5　MATLAB 程序设计 2

一、实验目的

(1)理解 MATLAB 的编程方法。

(2)理解函数文件的使用。

二、实验环境

(1)计算机。

(2)MATLAB 2017。

三、实验要求

(1)使用 MATLAB 2017 运行环境操作。

(2)自主编写程序，完成实验报告，必要时参考相关资料。

(3)实验学时：2 学时。

四、实验内容

(1)(用函数文件的方法编程)已知

$$y=\frac{f(40)}{f(30)+f(20)}$$

①当 $f(n)=n+10\ln(n^2+5)$时，y 的值是多少？

②当 $f(n)=1\times 2+2\times 3+3\times 4+\cdots+n\times(n+1)$时，$y$ 的值是多少？

(2)先用函数的递归调用定义一个求 $\sum_{x=1}^{n}x^m$ 的函数文件，然后调用该文件求 $\sum_{k=1}^{100}k+\sum_{k=1}^{50}k^2+\sum_{k=1}^{10}\frac{1}{k}$。

(3)某物理系统可以用下列方程表示：

$$\begin{bmatrix} m_1\cos\theta & -m_1 & -\sin\theta & 0 \\ m_1\sin\theta & 0 & \cos\theta & 0 \\ 0 & m_2 & -\sin\theta & 0 \\ 0 & 0 & -\cos\theta & 1 \end{bmatrix}\begin{bmatrix} a_1 \\ a_2 \\ N_1 \\ N_2 \end{bmatrix}=\begin{bmatrix} 0 \\ m_1 g \\ 0 \\ m_2 g \end{bmatrix}$$

从键盘输入 m_1、m_2 和 θ 的值，求 a_1、a_2、N_1 和 N_2 的值。其中，g 取 9.8，输入 θ 时以角度为单位。

要求定义一个求解线性方程组 $Ax=b$ 的函数文件，然后在脚本里调用该函数文件。

(4)写出下列程序的运行结果。

脚本文件：

```
global x
x=1:2:5;
y=2:2:6;
sub(y);
x
y
```

函数文件 sub. m：

```
function fun=sub(z)
global x
z=3*x;
x=x+z;
```

五、实验报告

分析上述实验内容，写出程序代码，并把结果截图粘贴或者记录到下面空白位置。

实验 3.6 MATLAB 程序设计 3

一、实验目的

(1)理解 MATLAB 的编程方法。

(2)掌握 for 语句和 while 语句的使用。

二、实验环境

(1)计算机。

(2)MATLAB 2017。

三、实验要求

(1)使用 MATLAB 2017 运行环境操作。

(2)自主编写程序，完成实验报告，必要时参考相关资料。

(3)实验学时：2 学时。

四、实验内容

(1)编写程序，产生 20 个 2 位随机整数，输出其中小于平均值的偶数。

(2)建立一个 7×7 的矩阵，使用 for 循环语句求每行的和。

(3)当 n 等于 100、1 000 或 10 000 时，求下列各式的值：

①$1+\frac{1}{2^2}+\frac{1}{3^2}+\cdots+\frac{1}{n^2}$；

②$\left(\frac{2\times2}{1\times3}\right)\left(\frac{4\times4}{3\times5}\right)\left(\frac{6\times6}{5\times7}\right)\cdots\left(\frac{2n\times2n}{(2n-1)(2n+1)}\right)$；

③$1-1/3+1/5-1/7+\cdots$；

④$1/4+1/16+1/64+\cdots$。

(4)编写程序，建立向量 $\boldsymbol{N}=[1，2，3，4，5]$，然后利用向量 $\boldsymbol{N}$ 产生下列向量：

①2，4，6，8，10；

②1/2，1，3/2，2，5/2；

③1，1/2，1/3，1/4，1/5。

(5)对下列程序纠错，并写出运行结果。

```
clear all
clc
s=0;
```

```
a=[12 13 14; 15 16 17; 18 19 20; 21 22 23];
for k=a;
for j=1:4;
if rem(k(j), 2)~=0;
s=s+k(j);
end;
end
s
```

(6)已知 $s=1+2+2^2+2^3+\cdots+2^{63}$，用循环结构求 s 的值。

五、实验报告

分析上述实验内容，写出程序代码，并把结果截图粘贴或者记录到下面空白位置。

实验 3.7 二维曲线的绘制

一、实验目的

(1)掌握二维数据曲线图的绘制方法。

(2)掌握曲线样式和颜色的设置。

(3)掌握图像标注与坐标控制指令的使用方法。

(4)掌握图形窗口的分割指令的使用方法。

(5)掌握三维曲线和曲面的绘制方法。

二、实验环境

(1)计算机。

(2)MATLAB 2017。

三、实验要求

(1)使用 MATLAB 2017 运行环境操作。

(2)自主编写程序，完成实验报告，必要时参考相关资料。

(3)实验学时：2 学时。

四、实验内容

(1)在[0，2π]之间绘制曲线：$y=\cos(2\pi x)e^{2x^2}$。

(2)要求分别用红色星线和蓝色绘制曲线，加上网格线，并给图形添加标题——曲线图，添加图例——y_1 曲线，y_2 曲线。

- x 轴标题：x 值
- y 轴标题：y 值
- $y_1=0.2e^{2x}\cos 2x$
- $y_2=2e^{2x}\sin 2x$

(3)在图形窗口中以子图形式绘制上题的两条曲线。

(4)设 $y=\left(0.5+\frac{3\sin x}{1+x^2}\right)\cos x$，$x$ 在[0，2π]区间分布，要求取 101 个点，绘制函数曲线。

(5)分别使用 plot3、mesh、surf 绘制三维曲面图：

①$z=\cos(x+\cos y)+x^2$。

②$z=\frac{5}{1+x^2+y^2}$，其中 $|x|\leqslant 3$，$|y|\leqslant 3$。

(6)绘制下列函数的杆图、条形图和阶梯图：$x=4\sin(3n+\pi/6)$。

(7)绘制极坐标图：

①$\gamma=\dfrac{3\sin\varphi\cos\varphi}{\sin^3\varphi+\cos^3\varphi}$，$-\dfrac{\pi}{6}\leqslant\varphi\leqslant\dfrac{\pi}{6}$。

②$\rho=\dfrac{12}{\sqrt{\theta}}$。

(8)采购的衣物中有 4 件红色的、9 件绿色的、22 件黄色的、13 件黑色的、40 件蓝色的。要求绘制饼图并给出图例。

(9)绘制三维曲线图：$y=\cos x\cos y$。

五、实验报告

分析上述实验内容，写出程序代码，并把结果截图粘贴或者记录到下面空白位置。

实验 3.8 MATLAB 数据分析

一、实验目的

(1)掌握使用 MATLAB 进行数据插值的方法(二维、三维)。

(2)掌握使用 MATLAB 进行数据拟合的方法。

二、实验环境

(1)计算机。

(2)MATLAB 2017。

三、实验要求

(1)使用 MATLAB 2017 运行环境操作。

(2)自主编写程序，完成实验报告，必要时参考相关资料。

(3)实验学时：2 学时。

四、实验内容

(1)某温室观测站测得某日 00:00 时至 22:00 时之间每隔 2 小时的室内温度(℃)，如表 3-2 所示。

表 3-2　温室观测站测得的时间-温度值

时间	00:00	02:00	04:00	06:00	08:00	10:00	12:00	14:00	16:00	18:00	20:00	22:00
温度/℃	11	11	11.5	10	11	12	16	19	18	13	12	11

①预测 13 点的温度；

②计算 01:00—21:00 间每隔一小时的温度；

③绘制 00:00—22:00 的温度曲线；

④建立 00:00—22:00 的时间-温度模型，并查看模型拟合情况。

(2)某温室观测站测得某日 00:00 时至 22:00 时之间不同湿度下每隔 2 小时的室内温度(℃)，如表 3-3 所示。

①分别用四种插值方法求得该日室内 02:30 湿度为 22 的情况下的近似温度；

②绘制使用插值算法之后的曲线。

表 3-3 温室观测站测得的不同湿度下的时间-温度值

时间	00:00	02:00	04:00	06:00	08:00	10:00	12:00	14:00	16:00	18:00	20:00	22:00
温度	11	11	11.5	10	11	12	16	19	18	13	12	11
	9	9	10	10.5	10	11	14	16	15	11	10.5	10
	7	7	8	8	9	10	13	14.5	14	10	9	8
	5	5	6	7	7.6	8	12	12.5	13	9	8	6

(3)对表 3-4 中的数据进行多项式拟合，绘制出拟合曲线和原始曲线，并写出拟合度最好的多项式表达式。

表 3-4 数据表

x	26.3	33.5	39.1	43.1	47.0	50.0	54.5	56.8	64.9	72.0	77.0
y	8.85	8.17	7.49	7.16	6.81	6.58	6.21	5.91	5.48	5.11	5.98

五、实验报告

分析上述实验内容，写出程序代码，并把结果截图粘贴或者记录到下面空白位置。

实验 3.9 GUI 设计

一、实验目的

(1)熟悉 GUI 的操作环境。
(2)掌握设计界面和各功能模块的使用方法。
(3)掌握回调函数的使用方法。

二、实验环境

(1)计算机。
(2)MATLAB 2017。

三、实验要求

(1)使用 GUI 运行环境操作。
(2)自主编写程序，完成实验报告，必要时参考相关资料。
(3)实验学时：2 学时。

四、实验内容

设计一个计算器，要求如下：
(1)界面美观、工整。
(2)至少实现如图 3-3 所示的全部功能。

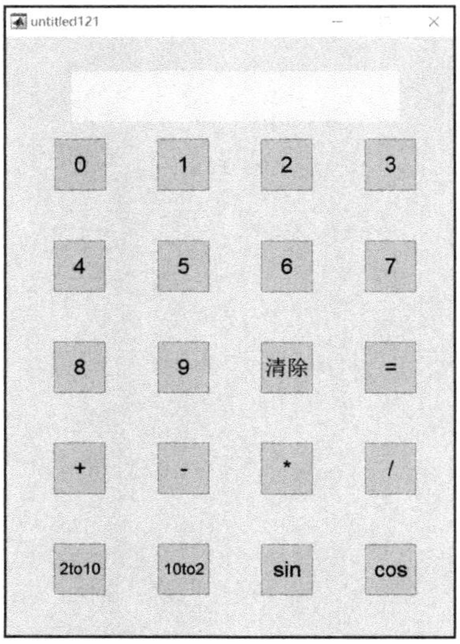

图 3-3 计算器基本界面

部分 Callback 程序代码：

```
%%%%%%%%%%%%%%%%%%
textString=get(handles.text1,'String');
textString=strcat(textString,'1');
set(handles.text1,'String',textString);%上面 3 句设置数字“1”，对其存储并输出
%%%%%%%%%%%%%
textString=bin2 dec(textString);%二进制转十进制
%%%%%%%%%%%%%%%
textString=sin(str2 num(textString));%求正弦值
%%%%%%%%%%%%%%%%%%%%%
textString=dec2 bin(textString);%十进制转二进制
%%%%%%%%%%%%%%%%%%%%%%
textString=eval(textString);%等号
%%%%%%%%%%%%%%%%%
set(handles.text1,'String','');%“清空”键
%%%%%%%%%%%%%%%%%%
close(gcf);%退出
```

五、实验报告

分析上述实验内容，设计一个简易计算器，能实现基本运算，并把结果截图粘贴或者记录到下面空白位置。

实验 3.10 SIMULINK 仿真

一、实验目的

(1)熟悉 SIMULINK 的操作环境。

(2)掌握建立系统仿真模型以及进行系统仿真的方法。

二、实验环境

(1)计算机。

(2)MATLAB 2017。

三、实验要求

(1)使用 MATLAB 2017 运行环境操作。

(2)自主编写程序，完成实验报告，必要时参考相关资料。

(3)实验学时：2 学时。

四、实验内容

(1)建立仿真模型$\frac{du}{dt}=\cos(\sin t)$，查看仿真图像。

(2)用一个示波器同时显示多个仿真结果：

① $\int u\,dt=2.5\sin t$；

② $u=2.5\sin t$；

③ $u=\sin(t-\pi/4)$。

(3)利用 SIMULINK 仿真 $x(t)=\frac{8A}{\pi^2}(\cos wt+\frac{1}{9}\cos 3wt+\frac{1}{25}\cos 5wt)$，$A=1$，$w=2\pi$。

(4)产生一个高度为 1、宽度为 4、延时为 4 s 的矩形脉冲信号。

(5)系统的微分方程为 $x'(t)=-4x(t)+2u(t)$，其中 $u(t)$是幅度为 1、角频率为 1 rad/s 的矩形波输入信号，试建立 SIMULINK 模型并仿真。

(6)一系统仿真图如图 3-4 所示，其中$G_1(s)=\frac{s-5}{s^2+4s+3}$，$G_2(s)=\frac{s^2+1}{s^2+4s+4}$，系统的输入信号为 $f(t)=\sin t$，用 SIMULINK 求取系统的输出，并将输入信号与输出信号对比显示。

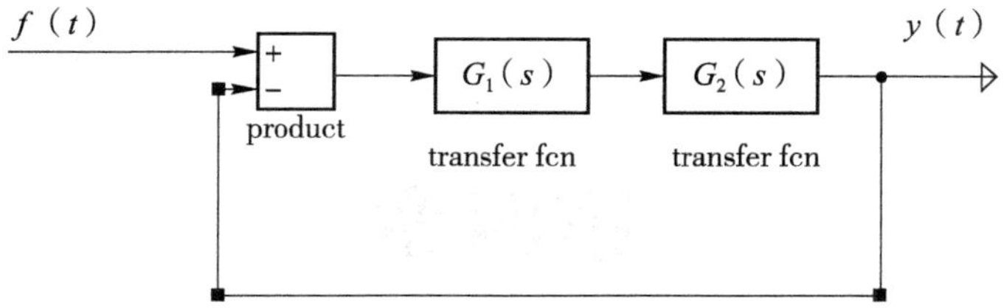

图 3-4　系统仿真图

五、实验报告

分析上述实验内容，写出程序代码，并把结果截图粘贴或者记录到下面空白位置。

第四章

网络优化仿真软件实训

章节导读

通信工程领域的进步在很大程度上依赖无线通信网络的优化与控制技术。网络优化仿真软件实训作为通信工程综合实验的一部分，其目的在于引导学生深入理解网络优化的关键作用，并通过实践操作加深学生对无线通信网络规划和移动通信知识的理解。

网络优化在移动通信中扮演着至关重要的角色，它直接关系到网络质量和用户体验，以及运营商的经济效益。网络优化通过一系列技术和策略，旨在提高移动通信网络的性能和效率，确保网络资源得到最佳利用，从而满足用户日益增长的需求。

本章包含 8 个实验，分别是网络优化基本认知、小区接入、小区重选、小区切换不及时导致弱覆盖、基站参数错误导致弱覆盖、基站规划不合理导致弱覆盖、越区覆盖、重叠覆盖。这些实验不仅能够让学生将理论知识应用于解决实际的通信工程问题，还能够为其未来的职业生涯奠定坚实的基础。通过这些实验，学生不仅能够获得专业技能，还能够为我国通信行业的持续发展做出贡献。

本章将培养学生对无线通信网络优化的全面认识和实际操作技能，使他们具备解决实际通信工程问题的能力。

本章的学习目标如下

(1)了解网络优化的整体流程和意义。

(2)掌握网络优化仿真系统的使用方法。

(3)理解小区移动性管理的必要性。

(4)掌握小区选择的流程及 S 准则。

(5)熟悉小区重选的流程及 R 准则。

(6)理解小区切换的含义和分类。

(7)了解 TD—LTE 网络覆盖的特点。

实验 4.1　网络优化基本认知

一、实验目的

(1)了解网络优化的整体流程。
(2)明确网络优化的意义。
(3)掌握网络优化仿真系统的使用方法。

二、实验原理

网络优化仿真系统的操作流程以实际网络优化为原型，专门为教学打造，适合高校教学。网络优化仿真操作流程包括网络搭建、网络评估、网络数据采集、网络优化、优化后的网络评估、实验报告。图 4-1 为实际网络优化整体流程。

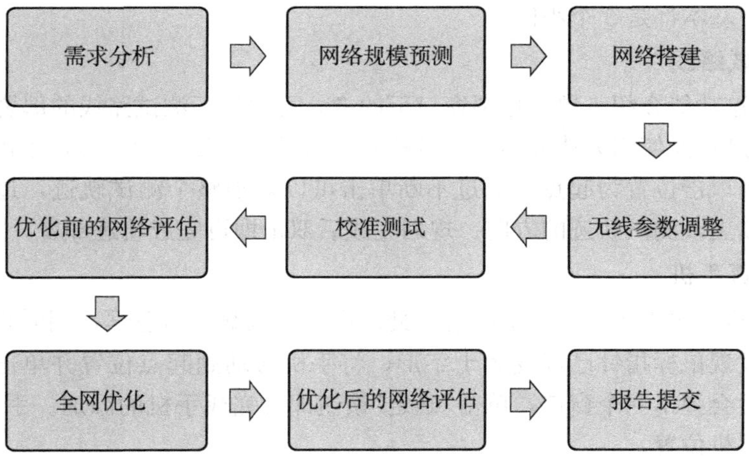

图 4-1　实际网络优化整体流程

三、实验环境

(1)实验室计算机。
(2)LTE 网络优化虚拟仿真软件。

四、实验步骤

(一)测试场景搭建

1. 打开网络优化仿真系统

(1)登录网络优化仿真系统。填写服务器 IP 地址，端口号默认为 8199，单击“登录”按钮即可进入仿真软件。

(2)网络优化仿真系统功能介绍。

2. 新建仿真场景

(1)新建任务专题。在任务工程界面内，右击任务工程窗口下的“专题任务列表”，新建任务专题并填写任务专题名称，单击“确定”铵钮，完成任务专题的新建。

(2)新建仿真场景。右击任务工程窗口下的“任务专题”，选择“新建任务”选项，在弹出的对话框内填写场景名称，单击“确定”铵钮，完成仿真场景的添加。

(3)打开仿真场景。选择新建好的场景任务，双击场景任务名称，打开对应的仿真场景。

3. 添加基站小区

(1)部署基站。单击场景任务窗口内的第一个图标，即可进行基站部署。

(2)摆放基站位置。添加基站参数后，鼠标指针变为十字形，将鼠标指针拖动到需要部署基站的位置并单击，完成基站的部署。

(3)添加基站小区。右击基站，选择“新建小区”命令，单击“保存”铵钮，完成基站小区的添加。

(4)预览基站及基站小区添加完成后的效果。每个基站原则来讲最多可添加 3 个小区。在实际网络中，基本都是 3 个小区。

4. 规划测试路线

(1)规划轨迹功能介绍。单击地图窗口下的，可以进行测试路线的部署规划。

(2)测试轨迹功能使用方法介绍。单击后，鼠标指针变为十字形，单击并拖动进行轨迹部署。第一个单击位置为起点，通过不断单击可以规划整个测试轨迹，过程中通过改变单击的位置可以更改测试轨迹的方向。规划完成后双击即可完成轨迹部署。

5. 添加仿真手机

(1)部署手机。单击场景菜单下的，此时图标周围显示蓝色框，同时将鼠标指针移动到地图界面，发现鼠标指针已经变为十字形，将手机移动到起点位置并单击，即可添加手机，添加手机后会弹出一个窗口，单击“确定”铵钮即可完成手机的添加。手机添加完成后，圈内红色点为手机位置。

(2)调整手机位置。单击，鼠标指针变为，可将手机拖放至测试路线起始位置(该处有“S”字样)，即可完成仿真系统内手机的部署。

(二)仿真测试

1. 启动仿真

(1)启动仿真。单击主菜单栏下的启动键，启动仿真。

(2)仿真启动后的效果。启动键由蓝色变为红色，启动键右侧的“开始移动”按钮由灰色变亮。

2. 打开仿真路侧端

进入仿真路侧端。单击菜单栏下的，可进入仿真路侧端系统。

3. 连接仿真手机

(1)添加仿真手机。进入仿真路侧端后，在左下方设备管理菜单栏中单击设备管理栏下的➕，添加仿真手机。

(2)连接仿真手机。添加仿真手机后，单击设备管理窗口下的🔗，使仿真手机能够与仿真路侧端系统连接。

(3)仿真手机连接完成前后的效果对比如图 4-2 所示。

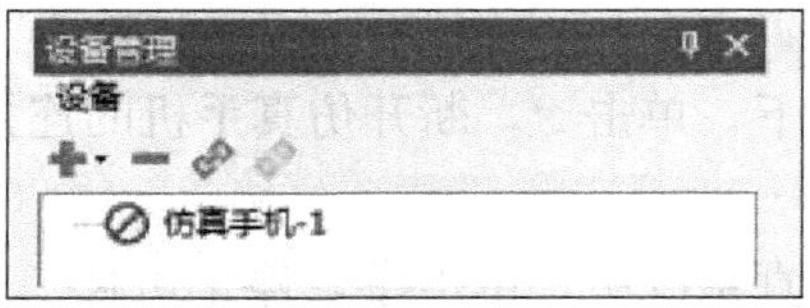

(a) 仿真手机连接前

(b) 仿真手机连接后

图 4-2　仿真手机连接完成前后的效果对比

(4)仿真手机连接成功的效果。仿真手机连接成功后，菜单栏上方框内从左至右第 5 个指示标识点亮，出现如图 4-3 所示的效果。

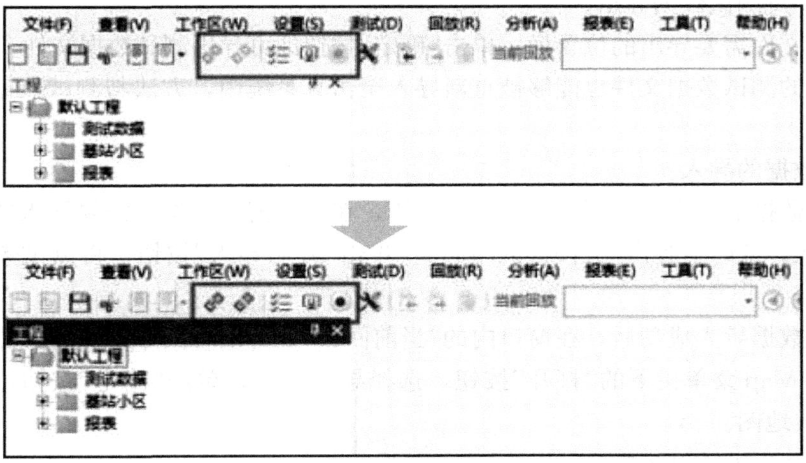

图 4-3　仿真手机连接成功的效果

4. 开始记录数据

(1)打开 Map 地图。单击仿真路侧端系统左侧的视图窗口，选择 Common 菜单下的 Map，在右侧弹出地图窗口。

(2)调整 Map 大小。双击 Map 菜单栏处的 Map 字样，可放大 Map 地图。

(3)加载在线地图。单击 Map 窗口中的ⓖ，可加载在线地图。

(4)开始记录数据。单击主菜单栏处的●，开始进行测试数据的采集。

5. 开始移动手机

(1)移动手机，产生网络优化仿真数据。返回至网络优化仿真系统，单击✣开始移动手机，此时会产生网络优化仿真数据。

(2)网络优化仿真数据开始后的效果。开始移动手机后，仿真路侧端系统采集的仿真数据会在地图上形成一条轨迹，该轨迹与仿真系统中规划的测试路线一致。

6. 停止仿真及记录数据

(1)停止记录数据。当仿真路侧端系统采集到的数据轨迹与网络优化仿真系统规划的测试路线一致时，表明仿真路侧端系统已经完成了数据的采集，此时单击◘，停止记录数据。

(2)查看记录数据。当停止记录数据后，在工程窗口下可以看到记录的数据文件，数据文件以时间命名。

(3)断开仿真手机的连接。在设备管理菜单下，单击 ，断开仿真手机的连接。

(4)仿真手机断开后，地图界面将会关闭。

(5)停止网络优化仿真数据。在网络优化仿真系统中，单击◘，停止仿真。

(三)测试数据分析

1. 测试数据的导出及导入

1)测试数据的导出

(1)测试数据的导出。打开仿真路侧端系统，右击工程窗口下的“测试数据”铵钮，选择“导出”选项，将测试数据导出。

(2)选择文件需要导出的位置后，单击“确定”按钮即可导出测试数据文件。

(3)导出的测试数据文件也能够被重新导入至仿真系统内，方法与测试数据的导入方法一致。

2)测试数据的导入

(1)测试数据的导入。打开仿真路侧端系统，在工程窗口下选择需要导入的测试数据文件，右击导入，此时会弹出“文件导入”窗口，单击“开始导入”按钮，将测试数据导入到路侧端软件中。

(2)测试数据导入成功后，在窗口内的“当前回放”处可以看到导入的数据文件。

(3)单击 Map 菜单栏下的“打开”按钮，选择导入轨迹，单击“确定”按钮，即可将测试轨迹导入在线地图。

2. 基站工参的导出和导入

1)基站工参的导出

(1)导出基站参数。右击网络优化仿真系统的测试场景，选择“导出基站信息到 CSV”选项，可将基站参数导出，该基站参数可供仿真路侧端系统导入。

(2)基站参数格式说明。导出后的基站参数是以“. csv”为后缀的文件。

2)基站工参的导入

(1)将基站工参导入仿真路侧端系统。选择工程窗口下的基站小区，右击基站小区可以导入基站工参，此时会弹出窗口。

(2)选择导入的工参文件。选择基站工参，将工参文件匹配至仿真路侧端系统中。

(3)单击“确定”按钮，将匹配好的基站工参导入仿真路侧端系统，此时工程窗口的基站小区菜单下会出现基站工参文件。

注：右侧的基站详细信息可以关闭，不影响后续操作。

(4)打开视图菜单栏 Common 内的 Map，单击Ⓖ加载在线地图。

注：地图窗口可双击放大。

(5)单击 Map 菜单下的“打开”按钮，单击“导入基站”按钮，弹出“选择基站”窗口。

(6)选择需要导入的基站文件，单击“确定”按钮即可将基站参数导入到在线地图。

3. 网络问题定位

(1)无线参数的调用。在仿真路侧端系统内单击视图窗口下的 LTE 菜单中，选择 LTE 菜单下的 Radio Parameters、System Parameters、Cell List 三个无线参数，将它们分别拖放至地图中的合适位置(以不阻挡测试轨迹为最佳)，单击▶开始回放测试数据。

(2)基站覆盖分析。单击 Map 菜单下的“连线”选项，可查看基站覆盖情况，帮助分析定位网络问题。

连线功能介绍：区域，可查看某一区域基站覆盖情况；小区，可查看小区的所有覆盖区域；采样点，可查看某一个测试点的覆盖；清除连线，清除所有基站与测试点的连线。

(3)结合上述步骤对网络中出现的问题进行分析，定位网络问题，并给出合理的调整方式。

4. 参数调整

(1)在网络优化仿真系统中，单击，即可调整基站参数，单击“保存”按钮，完成基站参数的修改。

(2)单击“网优仿真”菜单下的，重新选定上一次的测试轨迹。

(3)单击“任务场景”栏目下的✥，将手机拖放至测试轨迹的起始位置(轨迹中“S”字样处即为轨迹起始位置)。

5. 复测验证

重复步骤 2 至步骤 4，直至网络问题完全处理完成。在这个过程中需要注意以下三点。

(1)测试轨迹问题：测试过的轨迹无法直接使用，测试完成后，轨迹从红色变成蓝色(如果没有变色，可以用鼠标滚轮放大或缩小地图，就会发现已经变色了)。如果还需要测试同一条轨迹，可以单击仿真软件界面的“设定测试轨迹”，然后单击测试轨迹上的任意一个点。这样蓝色的测试轨迹就变成红色的了，表示测试轨迹可用。

(2)手机状态位置问题：每个实验过程都需要将手机保持连接或者空闲状态，每次重新开始测试，系统会默认为空闲状态，因为在连接状态下测试时需要修改手机状态。

(3)手机移动问题：每次测试完成后手机移动到轨迹结束的位置，但是测试时需要仿真手机在起点位置，因此需要进行如下处理。

①利用移动工具将手机移动到起点位置。

②利用“开始仿真”→“开始移动”→“停止仿真”操作，这样手机就回到起点位置了。

6. 导出测试统计分析报告

(1)测试统计分析报告必须在回放模式下才能导出，将测试数据导入模拟路测系统后，单击主菜单下的“报表”按钮，选择“工程测试报告”。

(2)选择报表的保存路径后，单击“确定”按钮就可以查看报告。

(3)导出成功后，可以在工程窗口下的“报表”栏内看到已经导出的工程测试报告。

五、实验报告

(1)提交网络优化仿真整体的操作步骤及流程。

（2）提交导出的基站工参及测试数据文件。

（3）提交分析的工程测试报告。

（4）提交优化前与优化后的测试轨迹截图。

实验 4.2 小区接入失败

一、实验目的

(1)了解小区移动性管理的必要性。

(2)了解小区选择的流程及 S 准则。

(3)了解随机接入流程。

(4)掌握手机开机的基本流程。

二、实验原理

(一)移动性管理

移动性管理是蜂窝移动通信系统的必备机制，能够辅助 TD-LTE(分时长期演进)系统实现负载均衡、提高用户体验以及提升系统整体性能。移动性管理主要分为两大类：空闲状态下的移动性管理和连接状态下的移动性管理。空闲状态下的移动忙管理主要通过小区选择/重选来实现，由 UE(用户体验)控制；连接状态下的移动性管理主要通过小区切换来实现，由 eNodeB(演进型 Node B，LTE 中基站的名称)控制。本实验对空闲的移动性管理的小区选择进行介绍。

UE 处于空闲状态时会驻留在某个小区上。由于 UE 会在驻留小区内发起接入，因此，为了平衡不同频点之间的随机接入负荷，需要在 UE 进行小区驻留时尽量使其均匀分布，这是空闲状态下移动性管理的主要目的之一。为了达到这一目的，LTE(长期演进技术)引入了基于优先级的小区重选过程。

空闲状态下的 UE 需要完成的过程包括 PLMN(公共陆地移动网络)选择、小区选择/重选、位置登记等。一旦完成驻留，UE 就可以进行以下操作。

①读取系统信息(如驻留、接入和重选的相关信息，位置区域信息等)。

②读取寻呼信息。

③发起连接建立过程。

一般来说，UE 开机后会首先进行 PLMN 选择，然后进行小区选择/重选、位置登记等。由于 PLMN 选择和位置登记是 NAS(网络附接存储)的主要功能，本节不再过多地讲述，下面将介绍小区选择/重选过程。

(二)小区选择

小区选择一般发生在 PLMN 选择之后，它的目的是使 UE 在开机后可以尽快地选择一个信道质量满足条件的小区进行驻留。小区选择主要包括以下两大类。

(1)初始小区选择。

这种情况下，UE 没有存储任何可以帮助其辨识具体 TD-LTE 系统频率的先验信息，因此，UE需要根据其自身能力扫描所有的TD-LTE频带，以便找到一个合适的小区进行驻留。

在每一个频率上，UE只需要搜索信道质量最好的小区，一旦有合适的小区出现，UE会选择它并进行驻留。

(2)基于存储信息的小区选择。

这种情况下，UE已经存储了载波频率的相关信息，同时也可能有一些小区参数信息。

UE会优先选择有相关信息的小区，一旦有合适的小区出现，UE会选择它并进行驻留。如果存储了相关信息的小区都不合适，UE将发起初始小区选择过程。

小区选择过程中，UE需要对将要选择的小区进行测量，以便进行信道质量评估，判断其是否符合驻留的标准。小区选择的标准被称为S准则。当某个小区的信道质量满足S准则时，就可以被选择为驻留小区。S准则的具体内容如下。

$$S\_rxlev>0$$

其中：$S\_rxlev=Q\_relevmean-(Q\_rxlevmin+Q\_rxlevminoffset)-P\_compensation$

式中各参数的含义如表4-1所示。

表4-1　小区选择参数的含义

参数	含义
S _ rxlev	小区选择S值，单位为dB
Q _ relevmean	测量小区的RSRP值，单位为dBm
Q _ rxlevmin	小区中RSRP最小接收强度要求，单位为dBm，从广播消息中获得
Q _ rxlevminoffset	当驻留在VPLMN上搜索高优先级PLMN时，采用评估小区质量，需要对Q _ rxlevmin进行的偏移，用于防止乒乓响应
P _ compensation	Max(P _ EMax−P _ UMax，0)，单位为dB
P _ EMax	UE在小区中允许的最大上行发送功率，单位为dBm，从广播消息中获得
P _ UMax	由UE能力决定的最大上行发送功率，单位为dBm

UE在进行小区选择时，通过测量得到小区的Q _ relevmean值，通过小区的系统信息及自身能力等级获取S准则公式中的其他参数，计算得到S _ rxlev，然后与0进行比较。如果S _ rxlev>0，则UE认为该小区满足小区选择的信道质量要求，可以选择其作为驻留小区。如果该小区的系统信息中指示其允许驻留，那么UE将选择在此小区驻留，进入空闲状态。

(三)手机开机流程

1. PLMN选择

PLMN选择流程示意图如图4-4所示。

PLMN由MMC和MNC组成。每个小区所属的PLMN的信息包含在系统消息中。终端在开机或脱网时，首先选择一个PLMN，然后搜索该PLMN的小区，如果在该PLMN下无法捕捉到合适的小区，则上报PLMN列表，启动新一轮小区获取过程。

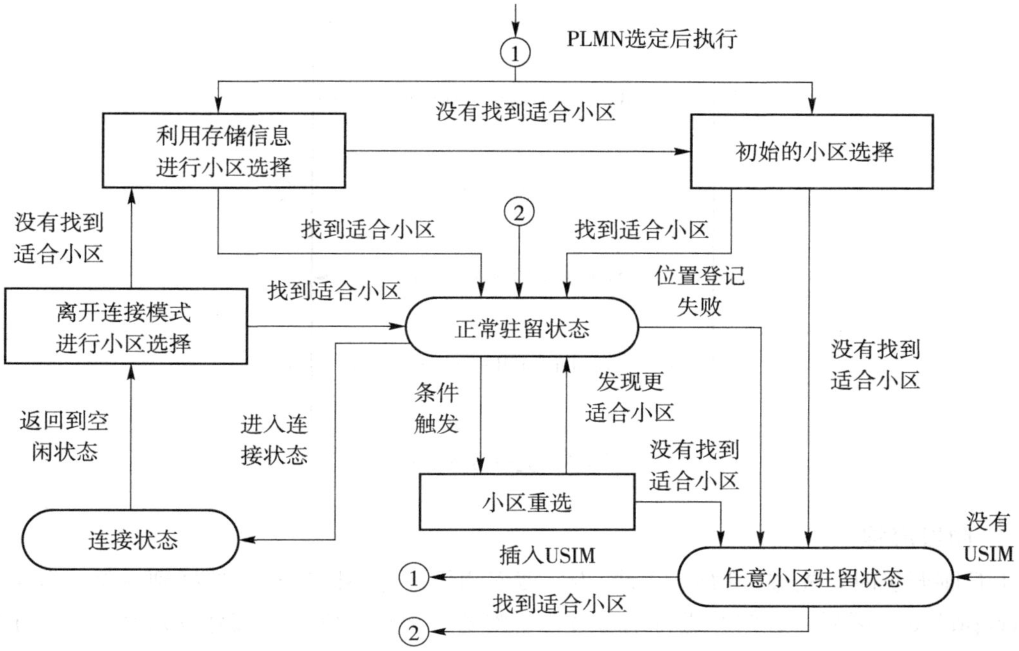

图 4-4　PLMN 选择流程示意图

2. 小区搜索

小区搜索(cell search)用于 UE 获得一个 cell(信元)的时间，频率同步，并获取 cell 的物理层小区 ID。当 UE 获得物理层小区 ID 和帧同步后，UE 就可以在 BCH(广播信道)上读取系统消息。

小区搜索过程如下。

(1)主同步信号，UE 可以获得 5 ms 的基准时间。

(2)辅同步信号，UE 可以获得帧同步和物理层的小区组。

(3)下行参考信号(reference signal)，UE 可以获得物理层的小区 ID。

(4)UE 获得物理层的小区 ID 和帧同步后，就可以在 BCH 上读取系统消息，用于获取其他小区信息。

终端在事先不知道小区信息的情况下搜索小区，需要经过时隙同步、帧同步、捕获主扰码 3 个步骤。这 3 个步骤涉及 4 个下行物理信道：主同步信道(P-SCH)、从同步信道(S-SCH)、主公共导频信道(P-CPICH)、主公共控制物理信道(P-CCPCH)。这里是在每个时隙(10 ms)帧内发送两次 P-SCH 和 S-SCH，先通过检测 P-SCH 获得 5 ms 时钟，然后检测 S-SCH，获得无线帧时钟、小区 ID 组和 BCH 天线配置信息。具体小区 ID 是通过检测下行参考信号得到的。这一步在获得了帧同步之后进行。

3. 随机接入

随机接入可分为基于竞争的初始接入和基于非竞争的初始接入两种。手机从空闲状态的随机接入属于竞争接入，其流程如图 4-5 所示。

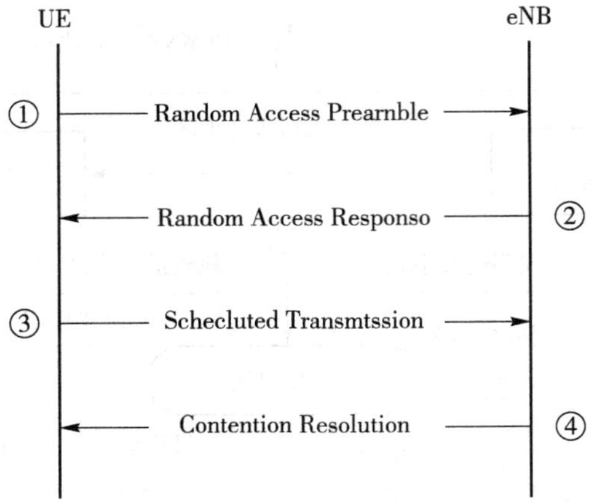

图 4-5　竞争接入流程

4. 附着流程

UE 刚开机时，先进行物理下行同步，搜索测量进行小区选择，选择到一个 suitable 或者 acceptable 小区后，驻留并进行附着过程。附着完成后，默认承载建立成功，UE 可获得 PDNaddress 信息。

三、实验环境

(1)实验室计算机。

(2)LTE 网络优化虚拟仿真软件。

(3)小区接入失败案例。

案例场景描述：

你和你的同学在某运营商从事网络优化工作，今天接到用户反映：在建信小区附近手机信号差。你们小组被安排前往现场，下面的一个轨迹是你们准备测试的轨迹。请进行网络测试和采集数据，发现网络问题并予以解决。网络测试和采集数据流程图如图 4-6 所示。

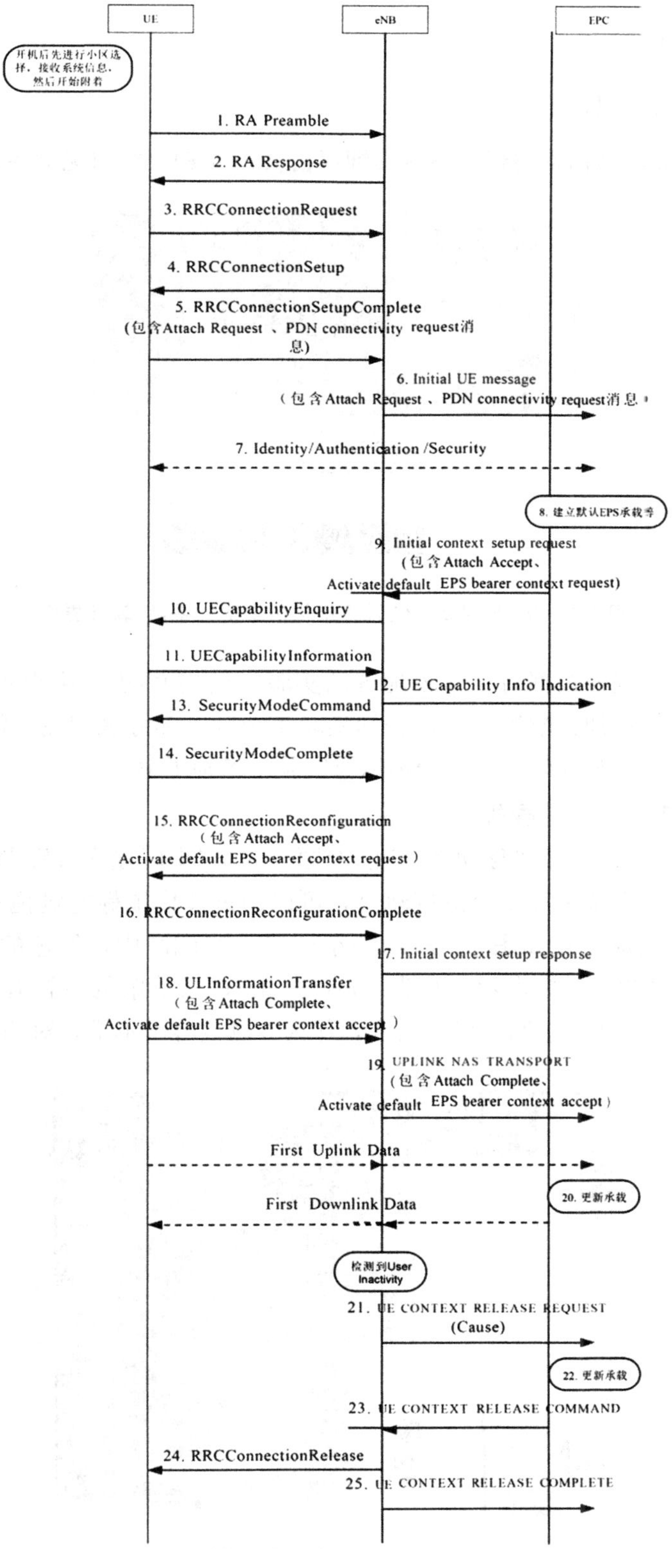

图 4-6　网络测试和采集数据流程图

四、实验步骤

(一)场景模拟环节

1. 打开“LTE 移动通信网络优化仿真实训平台(UltraRF)”软件(见图 4-7)

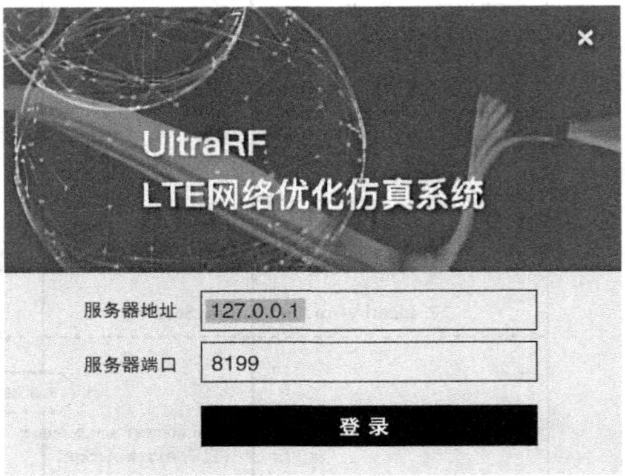

图 4-7 “LTE 移动通信网络优化仿真实训平台”软件界面

上述界面中，系统会根据每个学校配置的实验室网络而配置不同的 IP 地址，具体 IP 地址一般会由现场工程师在配置完成后告知实验室老师。部分客户端可能还存在账号和密码设置问题，这个可以和软件安装工程师以及实验室老师了解。

2. 选择“小区接入失败”案例

选择“任务工程”目录下的“移动性管理”专题。双击“小区接入失败”案例可以看到地图窗口。地图上存在 1 个基站和 1 个测试轨迹，可以通过按住鼠标左键拖动来移动地图，也可以通过鼠标滚轮完成。在如图 4-8 所示的小区接入测试图中，红色的线条是测试轨迹，测试轨迹上的起点由“S”图标表示，意为 start(开始)；在结束的位置有一个“E”图标，意为 end(结束)；测试轨迹一般默认已经写入，作为专题内容，不推荐对测试轨迹进行修改。

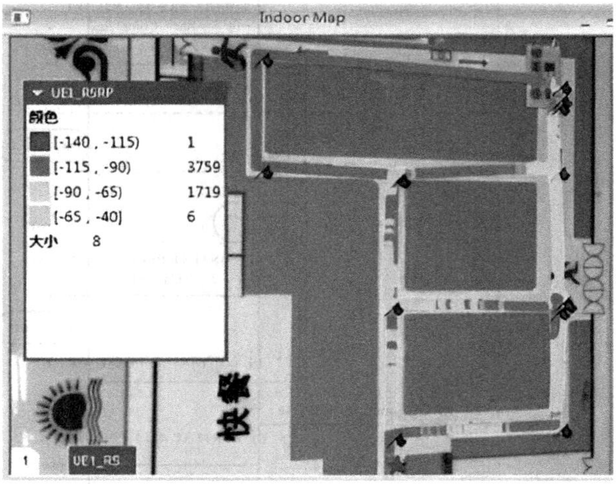

图 4-8 小区接入测试图

3. 部署手机

在地图窗口的工具栏(第一行第二个)中选择部署手机，等待鼠标指针变成十字形后，移动鼠标指针到路径的起点位置，单击确认。在弹出的“手机属性”窗口中直接单击“确定”按钮，其他参数不需要进行处理。这里需要关注手机的最大发射功率，它与 S 准则的接入参数相关。

4. 启动仿真

在软件的工具栏中单击“启动仿真”按钮后，在软件界面的左下角有一个“手机状态”窗口，通过类似飞行模式的图标，可以完成手机在线和空闲状态的控制；通过类似流量的图标，可以完成手机空闲状态和连接状态的切换；通过类似时钟的图标，可以进行手机移动速度的设置。这里直接让手机处于空闲状态就可以了，其他的不予处理。

(二)数据采集过程

启动仿真后，整个 LTE 网络优化仿真软件的引擎就启动了，就可以进行仿真测试了。但是还需要一个软件记录及分析测试数据，路测端可以帮助我们收集仿真测试数据，以便后续分析和统计数据并生成报告。

1. 连接手机

在路测端打开后，需要在左下角的“设备管理”窗口添加仿真手机。设备添加后，设备的“连接设备”快捷键就会激活。单击“连接设备”按钮。“路测端”工具栏和任务栏里的两个“连接设备”快捷键的功能一样。这里的仿真手机就是 LTE 网络优化仿真软件的测试数据源。

连接手机后，发现“连接手机”后面的“断开手机”状态已经激活，现在不用处理，在后面会使用到。

2. 开始记录

完成以上操作后就可以进行数据记录了。单击路测端软件工具栏的“开始记录”按钮，此时，路测端就开始记录仿真端的数据了。在实际网络优化中，这个时候相当于网络优化工程师坐在车上，打开了测试软件、连接好手机已经开始记录测试数据了，这个时候他会让司机开车准备开始正式测试。

3. 开始移动

在 LTE 网络优化仿真软件内，在软件工具栏中单击“开始移动”按钮，这样仿真手机就开始移动了。等待移动完成后，测试任务就完成了，就要结束测试流程。

4. 停止仿真

在 LTE 网络优化仿真软件内，在软件工具栏中单击“停止移动”按钮，这样仿真手机就停止移动了。

5. 停止记录

切换到 LTE 网络优化仿真—路测端软件界面，在工具栏中单击“停止记录”按钮。停止记录后可以在左上角的工程窗口看到，软件已经生成了一个以开始记录时间为名称的测试文件。这个测试文件就是刚才仿真测试的结果，可以利用这个文件进行数据的回放和分析。

6. 断开设备

在 LTE 网络优化仿真—路测端软件中，找到左下角的“设备管理”窗口，在该窗口的工具栏中单击“断开设备”按钮。

为了保证下一步数据分析的正常进行，必须断开设备才可以进入路测端软件的分析模式。同理，当在分析模式下要进行测试分析时，必须断开所有测试问题，这将在后面介绍。

(三)数据分析过程

1. 覆盖阈值设置

在LTE网络优化仿真一路测端软件中，在菜单栏中选择“设置”→“参数设置”，在弹出的“参数设置”窗口内打开LTE树结构，然后单击选择RadioParameters。在后面的窗口中选择RSRP(dBm)，然后在右边的小窗口中进行颜色阈值设置。

在测试软件中可以将测试后的数据采样点在地图上按照测试轨迹进行呈现，可以在软件中自定义不同的RSRP区间采样点的颜色，这样可以在地图上很直观地发现弱覆盖路段，进行有针对性的优化工作。

弱覆盖不仅与系统许多技术指标，如系统的频率、灵敏度、功率等有直接的关系，而且与工程质量、地理因素、电磁环境等有直接的关系。一般系统的指标相对比较稳定，但如果系统所处的环境比较恶劣、维护不当、工程质量不过关，则可能会造成基站的覆盖范围减小。若在网络规划阶段考虑不周全或不完善，在基站开通后可能会存在弱覆盖或者覆盖空洞等问题。发射机输出功率减小或接收机的灵敏度降低、天线的方位角发生变化、天线的俯仰角发生变化、天线进水、馈线损耗等因素都会对覆盖造成影响。

2. 数据导入

设置完阈值后，就可以正式开始数据分析了。首先确认手机连接已经断开，在路测软件中，测试模式和分析模式不可同时进行。在左上角的工程窗口中，在“默认工程”下的“测试数据”中选择刚才测试生成的测试数据。右击选择“导入”，在弹出的“文件导入”窗口中单击“开始导入”按钮，导入完成后，该窗口会自动关闭。

3. 打开分析窗口

在工程视图旁选择“视图”窗口。展开第一个Common树结构，选择其下的Map，双击打开该窗口。

在路测端软件中，窗口提供“停靠式”摆放方法。单击窗口顶部，然后拖动鼠标可以实现窗口的移动。

在进行弱覆盖分析的时候，推荐打开如下几个窗口：Common中的Map窗口，LTE树下的RadioParameters窗口、SystemParameters窗口、Celllist窗口，并将其放置到合适的位置。

4. 基站工程参数获取

在数据分析前，还有一个重要的参数——基站工程参数需要获取。那么如何获取基站工程参数呢?

(1)从仿真软件导出路测基站信息。打开LTE网络优化仿真软件，在进行的“小区接入失败”专题上，右击选择“导出路测基站信息到CSV”。选择文件保存路径，记住该路径，在下一步骤需要使用。

(2)导入基站信息到路测端。切换到 LTE 网络优化仿真一路测端软件，选择左上角的“工程标签”，单击默认工程下面的“基站小区”，右击选择“导入”，在弹出的“工参匹配”窗口中单击“选择”按钮，系统会继续弹出一个“基站文件选择”窗口。选择在上一个步骤导出的 CSV 文件后，单击“打开”按钮。

选择文件后，在“工参匹配”窗口中单击“确认”按钮即可(这里为了减少学习压力，直接将工程参数的内部值和映射值默认匹配好了)。导入完成后地图上会出现一个切换不及时导致覆盖的工参详细数据窗口，该窗口表示已经完成了窗口的打开，直接关闭它就可以了。

5. 导入地图

为了方便教学，LTE 网络优化仿真一路测端软件提供了两种地图导入方式：在线地图，直接在地图窗口的工具栏(第二栏第二个图标)单击就可以实现在线地图(这个要求计算机连接外网)；离线地图，支持导入电子地图。这里为了演示方便，采用在线地图方式。在 LTE 网络优化仿真一路测端软件的地图窗口的第二个工具栏，单击“在线地图”图标，就可以实现在线地图。单击后，该图标周围有蓝色外框。

6. 导入基站

在地图窗口内的菜单栏的第一个工具栏中单击“打开”按钮，在下拉列表中选择“导入基站”，在弹出的“选择基站文件”窗口中选择刚才导入的“小区接入失败”工参，单击“确定”按钮，完成基站在地图上的显示(因为目前地图视角可能暂时不在基站所在位置，没有直接显示基站，在下一个步骤导入轨迹后，我们就可以看到基站了)。

7. 导入轨迹

在地图窗口内的菜单栏的第一个工具栏中单击“打开”按钮，在下拉列表中选择“导入轨迹”，在弹出的“导入轨迹”窗口中切换至“参数”选项卡，查看 LTE 树结构中 RSRP 是否被勾选。推荐只勾选 RSRP，其他不勾选(只勾选 RSPR 主要是为了方便进行覆盖分析)。

8. 数据分析

单击地图工具栏第二排的最后一个工具“同步回放”，然后等鼠标指针变成黑色箭头后，单击轨迹上的点就可以完成数据同步显示了。这个时候我们就可以进行覆盖分析了。

9. 参数调整

进行数据分析后，就可以进行参数调整了。参数调整在 LTE 网络优化仿真软件上完成。回到 LTE 网络优化仿真软件的“小区接入失败”专题，在地图窗口的工具栏中选择“编辑”(第一栏第六个)，当鼠标指针变成黑色箭头时，单击地图上的小区就可以进行小区参数修改了。

根据 S 接入准则，可以得到 P _ Max＝23 dBm，在之前进行添加手机侧可以知道 P _ EMax＝23 dBm，所以

P _ compensation＝Max(P _ EMax－P _ UMax，0)＝MAX(23－23，0)＝0 dB

然后，

S _ rxlev 设置为大于 0，那么，Q _ relevmean－(Q _ rxlevmin＋Q _ rxlevminoffset)＞0 即可。

因此 Q _ relevmean－(－70＋1)＞0，即 Q _ relevmean＞－71 dBm 就可以入网了。

这个时候我们发现这个电平值比较高，手机在远程接入失败的原因是最小接入电平过高。修改手机的最小接入电平，就可以解决网络问题。将 Q _ rxlevmin 从－70 dBm 调整到－120 dBm 就可以解决这个问题了。

10. 复测

按照之前的操作步骤进行复测，判断之前轨迹区域是否全部得到覆盖，是否优化完成。

五、实验报告

(1)如果不修改 Q _ rxlevmin，尝试利用两种及两种以上方法解决网络问题。

(2)利用仿真软件地图窗口中的“查看”按钮，单击小区，查看其范围大小，了解其范围大小的原理并写出理论与实践相结合的实验报告。

实验 4.3　小区重选失败

一、实验目的

(1)了解小区重选的目的。

(2)了解小区重选的流程及 R 准则。

(3)熟悉小区选择的 S 准则。

(4)理解重选算法的层的概念。

二、实验原理

(一)小区重选的目的

LTE 驻留到合适的小区，停留适当的时间(1 s)后，就可以进行小区重选的过程。通过小区重选，可以最大限度地保证空闲模式下的 UE 驻留在合适的小区。

在空闲模式下，通过对服务小区和临近小区测量值的监控，来触发小区重选。重选触发条件的核心内容就是：存在有比服务小区更好的小区，且更好的小区在一段时间内都保持最好。这样一方面 UE 尽量重选到更好的小区去，另一方面又保证了一定的稳定性，避免频繁的重选震荡。

(二)小区重选的时机

①开机驻留到合适小区即开始小区重选。

②处于 RRC _ IDLE 状态下 UE 移动。

(三)小区重选

小区重选：根据网络优先原则(4 G>3 G>2 G)，在网络内再按不同频率划分优先级，最终通过对小区优先级的划分实现不同网络小区间的选择。不同优先级小区重新评估流程示意图如图 4-9 所示。

重选原则如下。

(1)当邻区优先级高于服务小区时，UE 始终对该邻区进行测量，只要满足条件就重选。

(2)LTE 优先选择同频段小区，当电平低到某个程度时，启动同频测量。

(3)当服务小区电平继续降低到一定程度时，启动异频/异系统门限。这里异频/异系统指的是同优先级的。

(4)同优先级采用比较 RSRP 来决定重选到哪个小区。

(5)对低优先级小区的重选，必须同时满足服务小区低于某个电平、低优先级小区必须高于某个电平两个条件，才会进行重选。

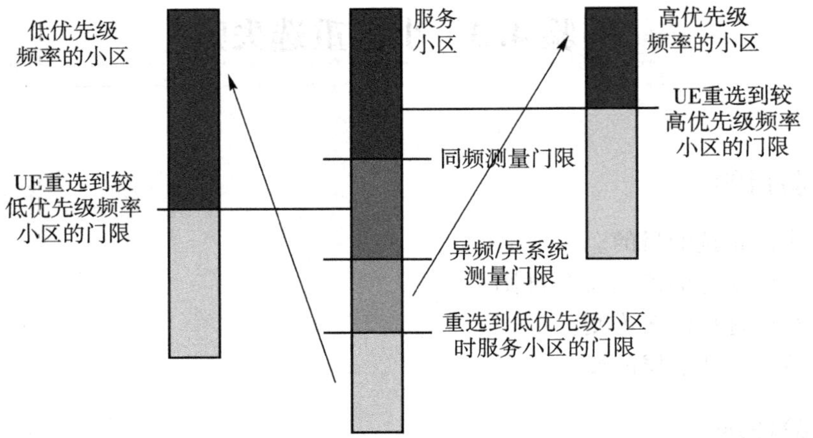

图 4-9　不同优先级小区重新评估流程示意图

对高优先级小区的测量原则如下。

①始终测量，不管是同频还是异频，不考虑服务小区电平。

②基于接收信号强度的重选规则(适用于所有系统)：S _ rxlev＞ThreshXHigh。

对同频/同优先级小区的测量原则如下。

①如果未配置同频测量门限，则不管当前服务小区信号质量如何，UE 都将进行同频小区测量。

②如果 S _ rxlev＞SIntraSearch，UE 不进行同频小区测量。

③如果 S _ rxlev≤SIntraSearch，UE 将进行同频小区测量。

对异频/异系统小区的测量原则如下。

①如果未配置异频/异系统测量门限值，则 UE 总是进行异频或异系统小区测量。

②如果配置了异频/异系统测量门限值：

- 若 S _ rxlev＞SNonIntraSearch，则 UE 不对异频或异系统小区进行测量；
- 若 S _ rxlev≤SNonIntraSearch，则 UE 将对异频或异系统小区进行测量。

同频/同优先级重选准则(R 准则)：

$R_n > R_s$

服务小区：$R_s = Q_{meas,s} + Q_{hyst}$

邻小区：$R_n = Q_{meas,n} + Q_{offset}$

低优先级重选准则如下。

基于接收信号强度的重选规则(适用于所有系统)：S _ rxlev _ S＜ThrshServLow。

邻区选择中出现的参数及其含义如表 4-2 所示。

表 4-2　邻区选择中出现的参数及其含义

参数	含义
R_s	服务小区 R 值，单位为 dB

续表

参数	含义
$Q_{meas,s}$	服务小区重选的 RSRP 值，单位为 dBm
Q_{hyst}	主小区迟滞，单位为 dB
$Q_{meas,n}$	邻小区重选的 RSRP 值，单位为 dBm
Q_{offset}	邻小区偏置，单位为 dB
ThreshXHigh	异频/异系统高优先级重选门限，一般设为 22 db，范围为 0～62
SIntraSearch	同频测量启动门限，一般设为 20 db，范围为 0～62
SNonIntraSearch	异频/异系统小区重选测量启动门限
CellQoffset	本小区与同频邻区之间的小区偏置，用于控制小区重选的难易程度，参数值越大，越难重选到此邻区，在系统消息 SIB4 中下发，范围为－24 ～24 db。一般设置为 0，为小区到小区的参数
ThreshXLowQ	异频频点 RSRQ 低优先级重选门限，在目标频点的 RSRQ 绝对优先级低于服务小区的 RSRQ 绝对优先级时，作为 UE 从服务小区重选至目标频点下小区的接入电平门限，一般设置为 0，范围为 0～62
ThrshServLow	服务频点向低优先级异频或异系统重选时的门限值，一般设置为 10 db，范围为 0～62
ThreshXLow	异频频点低优先级重选门限值，在目标频点的绝对优先级低于服务小区的绝对优先级时，作为 UE 从服务小区重选至目标频点下小区的接入电平门限，一般设置为 11 db，范围为 0～62
CellReselPriority	EUTRAN 异频频点的小区重选优先级，范围为 0～7

三、实验环境

(1)实验室计算机。

(2)LTE 网络优化虚拟仿真软件。

(3)小区重选失败案例。

案例场景描述：

你和你的同学在某运营商从事网络优化工作，今天接到用户反映：在机场高速，用户以 30 m/s 的速度从南向北行驶，途径东西湖大堤附近时，发现手机信号突然很差。由于该用户当时没有做业务，你们打算重新进行测试去发现和解决问题，你们采用在手机空闲状态下进行测试。

四、实验步骤

(一)场景模拟环节

1. 打开“LTE 移动通信网络优化仿真实训平台(UltraRF)”软件

登录界面如图 4-7 所示，系统会根据每个学校配置的实验室网络配置不同的 IP，具体 IP 一般会由现场工程师在配置完成后告知实验室老师。部分客户端可能还存在账号和密码设置问题，这个可以和软件安装工程师以及实验室老师了解。

2. 选择“小区重选失败”案例

选择“任务工程”目录下的“移动性管理”专题。单击“小区重选失败”案例，双击可以显示地图窗口。地图上存在2个基站和1个测试轨迹，可以通过按住鼠标左键同时拖动鼠标来移动地图，也可以通过鼠标滚轮完成。

3. 部署手机

在地图窗口的工具栏(第一行第二个)选择部署手机，等待鼠标指针变成十字形后，移动鼠标指针到路径的起点位置，单击确认。在弹出的“手机属性”窗口中直接单击“确定”按钮，其他参数不需要进行处理。

4. 启动仿真

在软件的工具栏单击“启动仿真”按钮后，在软件界面的左下角有一个“手机状态”的窗口，通过类似飞行模式的图标，可以完成手机在线和空闲状态的控制；通过类似流量的图标，可以完成手机空闲状态和连接状态的切换；通过类似时钟的图标，可以进行手机移动速度的设置。这里直接让手机处于空闲状态就可以了，调整手机移动速度为30 m/s。

(二)数据采集过程

启动仿真后，整个LTE网络优化仿真软件的引擎就启动了，就可以进行仿真测试了。但是还需要一个软件记录及分析测试数据，路测端可以用来收集仿真测试数据，以便后续统计和分析数据以及生成报告。

1. 连接手机

打开路测端后，需要在左下角的“设备管理”窗口添加仿真手机。设备添加后，设备的“连接设备”快捷键就会激活。单击“连接设备”按钮。这里的仿真手机就是LTE网络优化仿真软件的测试数据源。连接上手机后，发现“连接手机”后面的“断开手机”状态已经激活，现在不做处理，在后面会使用到。

2. 开始记录

完成以上操作后，我们就可以进行数据记录了。单击路测端软件的工具栏的“开始记录”按钮，此时，路测端就开始记录仿真端的数据了。在实际网络优化中，这个时候相当于网络优化工程师坐在车上，打开了测试软件、连接好手机已经开始记录测试数据了，这个时候他会让司机开车开始正式测试。

3. 调整手机状态

因为目前需要建立一个高速的环境，进行一次重选测试，所以需要将手机状态调整为空闲状态，并且调整手机移动速度为30 m/s。手机第二个类似流量开关的按钮就是网络控制按钮，关闭该按钮后，手机就处于空闲状态；反之，如果点亮它，手机就处于在线状态。将手机调整到空闲状态。单击“手机状态”窗口(手机界面的第3个按钮)，在弹出的“手机移动速度”对话框内填写手机的移动速度为30 m/s。

4. 开始移动

在LTE网络优化仿真软件内，在软件工具栏中单击“开始移动”按钮，仿真手机就开始移动了。等待移动完成后，测试任务就完成了，这时就要结束测试流程。结束按钮和开始移动是一个按钮。

5. 停止仿真

在 LTE 网络优化仿真软件内，在软件工具栏中单击“停止移动”按钮，仿真手机就停止移动了。

6. 停止记录

切换到 LTE 网络优化仿真一路测端软件界面，在工具栏中单击“停止记录”按钮。停止记录后可以在左上角的工程窗口看到，软件已经生成了一个以开始记录时间为名称的测试文件。这个测试文件就是刚才仿真测试的结果，可以利用这个文件进行数据的回放和分析。

7. 断开设备

在 LTE 网络优化仿真一路测端软件中，找到左下角的“设备管理”窗口，在该窗口的工具栏中单击“断开设备”按钮。为了保证下一步数据分析的正常进行，必须断开设备才可以进入路测端软件的分析模式。同理，在分析模式下要进行测试分析时，必须断开所有测试问题，这将在后面介绍。

(三)数据分析过程

1. 覆盖阈值设置

在 LTE 网络优化一路测端软件中，在菜单栏中选择“设置”→“参数设置”，在弹出的“参数设置”窗口内打开 LTE 树结构，然后单击选择 RadioParameters。在后面的窗口中选择 RSRP(dBm)，然后在右边的小窗口中进行颜色阈值设置。

在测试软件中可以将测试后的数据采样点在地图上按照测试轨迹进行呈现，可以在软件中自定义不同的 RSRP 区间采样点的颜色，这样可以在地图上很直观地发现弱覆盖路段，进行有针对性的优化工作。

弱覆盖不仅与系统许多技术指标，如系统的频率、灵敏度、功率等有直接的关系，而且与工程质量、地理因素、电磁环境等有直接的关系。一般系统的指标相对比较稳定，但如果系统所处的环境比较恶劣、维护不当、工程质量不过关，则可能会造成基站的覆盖范围减小。若在网络规划阶段考虑不周全或不完善，则可能导致在基站开通后存在弱覆盖或者覆盖空洞等问题。发射机输出功率减小或接收机的灵敏度降低、天线的方位角发生变化、天线的俯仰角发生变化、天线进水、馈线损耗等都会对覆盖造成影响。

2. 数据导入

设置完阈值后，就正式开始进行数据分析了。首先确认手机连接已经断开，在路测软件中测试模式和分析模式不可同时进行。在左上角的工程窗口中，在“默认工程”下面的“测试数据”中选择刚才测试生成的测试数据，选择“导入”，在弹出的“文件导入”窗口中单击“开始导入”按钮，导入完成后，该窗口会自动关闭。

3. 打开分析窗口

在工程视图旁边选择“视图”窗口，展开第一个 Common 树结构，选择下面的 Map，双击打开该窗口。在路测端软件中，窗口提供“停靠式”摆放方式。单击窗口顶部并拖动鼠标可以实现窗口的移动。在进行弱覆盖分析的时候，推荐打开如下几个窗口：Common 中的

Map 窗口，LTE 树下的 RadioParameters 窗口、SystemParameters 窗口、Celllist 窗口，并将它们放置到合适的位置。

4. 基站工程参数获取

在数据分析前，我们还有一个重要的参数——基站工程参数需要获取。那么如何获取基站工程参数呢?

(1)从仿真软件导出路测基站信息。打开 LTE 网络优化仿真软件，在进行的"小区重选失败"的专题上，选择"导出路测基站信息到 CSV"，选择文件保存路径，记住该路径，在下一步骤需要使用。

(2)导入基站信息到路测端。切换到 LTE 网络优化仿真一路测端，选择左上角的"工程标签"，单击默认工程下面的"基站小区"，选择"导入"。在弹出的"工参匹配"窗口中，单击"选择"按钮，系统会继续弹出一个"基站文件选择"窗口。选择上一个步骤导出的 CSV 文件后，单击"打开"按钮。选择文件后，在"工参匹配"窗口中直接单击"确认"按钮即可(这里为了减少学习压力，直接将工程参数的内部值和映射值已经默认匹配好了)。导入完成后地图上会出现一个切换不及时导致覆盖的工参详细数据窗口，该窗口表示已经完成了窗口的打开，直接关闭它就可以了。

5. 导入地图

为了方便教学，LTE 网络优化仿真一路测端提供了两种地图导入方式：在线地图，直接在地图窗口的工具栏(第二栏第二个图标)单击就可以实现在线地图(这要求计算机有外网连接)；离线地图，支持将电子地图导入。这里为了演示方便，采用在线地图方式。在 LTE 网络优化仿真一路测端的地图窗口的第二个工具栏，单击就可以实现在线地图。单击后，该图标周围有蓝色外框。

6. 导入基站

在地图窗口内的菜单栏的第一个工具栏中单击"打开"按钮，在下拉列表中选择"导入基站"，在弹出的窗口中选择基站文件，选择刚才导入的"小区接入失败"工参。单击"确定"按钮，完成基站在地图上的显示(因为目前地图视角可能暂时不在基站所在位置，没有直接显示基站，在下一个步骤中导入轨迹后，就可以看到基站了)。

7. 导入轨迹

在地图窗口内的菜单栏的第一个工具栏中单击"打开"按钮，在下拉列表中选择"导入轨迹"。在弹出的"导入轨迹"窗口中切换至"参数"选项卡，查看 LTE 树结构中，RSRP 是否被勾选。推荐只勾选 RSRP(为了方便进行覆盖分析)，其他不勾选。

8. 数据分析

单击地图工具栏第二排的最后一个工具"同步回放"，然后等鼠标指针变成黑色箭头后，单击轨迹上的点就可以完成数据同步显示了。这个时候就可以进行优化分析。

我们可以发现：手机从南向北移动的过程中，移动到府河桥附近时，RSRP 持续 150 m 低于−100 dBm，属于弱覆盖。在 LTE 网络优化仿真软件一路测端的地图界面，在工具栏(第二排倒数第三个)中单击"同步回放"按钮，将鼠标指针移动到地图上，鼠标指针变成黑色，然后单击地图界面，这样地图界面和其他参数界面就可以同步展示了。

同步回放后我们可以发现：手机在该位置收到机场高速东西湖一小区 1，信号强度为 −101 dBm，邻小区机场高速府河桥一小区 2，信号强度为 −88 dBm。手机一直占用比较远的机场高速东西湖一小区 1，没有重选到机场高速府河桥一小区 2，导致该位置弱覆盖。

检查两个小区的频点设置，发现它们是同频小区，所以两个小区之间处于同频重选。

因为手机是从机场高速东西湖一小区 1 重选到机场高速府河桥一小区 2，所以检查机场高速东西湖一小区 1 的同频重选参数。

查询同频参数，结合同步回放，在问题路段，邻小区一直可以搜索到，所以重选的 SIntraSearch 是没问题的，小区迟滞和邻小区偏置设置也没问题，而同频重选参数为 4 s，导致在高速环境下可能存在重选不及时的问题。

9. 参数调整

进行分析后，就可以进行参数调整了。参数调整在 LTE 网络优化仿真软件上完成，回到 LTE 网络优化仿真软件的"小区重选失败"专题。在地图窗口的工具栏中选择"编辑"(第一栏第六个)，等待鼠标指针变成黑色箭头后，单击地图上的小区就可以进行小区参数修改了。

根据 R 接入准则，修改机场高速东西湖一小区 1 的同频重选参数，将 Tresslection 时间从 4 s 修改为 0 s。

10. 复测

按照之前的操作步骤进行复测，判断之前轨迹区域是否全部得到覆盖，是否优化完成。

五、实验报告

机场高速东西湖一小区 1 的 SIntraSearch 为 46，那么重选的时候邻小区达到什么电平时会开启测试，写出测试流程仿真报告。

实验 4.4　小区切换不及时导致弱覆盖

一、实验目的

(1)了解小区切换的含义和分类。

(2)掌握切换三步曲。

(3)掌握小区切换的 A3 算法。

(4)了解邻区的概念和作用。

二、实验原理

(一)什么是小区切换

无线设备(移动设备)相比有线设备的最大优点是用户可以在使用服务的同时移动。这种移动性使得用户可以在任何时间、任何地点使用服务，无论是在家还是在旅途中。因为这种便利性，无线电话用户的数量已经超过了有线电话用户的数量。移动用户可以在旅途中使用服务，这要归功于移动网络支持切换。UE 可以从一个基站/小区切换到另一个基站/小区而不丢失任何传入或传出的数据，并且在切换期间(通过执行切换)网络通信不中断。这确保了无论用户连接到哪个单元，都可以无缝通信。

按照源小区和目标小区的从属关系和位置关系，可以将切换做如下分类。

①LTE 系统内切换：包括 eNodeB 内切换、通过 X2 的 eNodeB 间切换、通过 S1 的 eNodeB 间切换。

②LTE 与异系统之间的切换：由于 LTE 系统与其他系统在空口技术上的根本不同，从 LTE 小区切换到其他系统的小区，UE 不仅需要支持 LTE 的 OFDM(正交频分复用)接入技术，还需要支持其他系统的空口接入技术。可能出现的情形包括但不限于以下几类：LTE 与 GSM(全球移动通信系统)之间的切换、LTE 与 UTRAN(通用电信无线接入网)之间的切换、LTE 与 WiMAX(全球微波接入互操作性)之间的切换。

1. 连接状态

连接状态指 ECM-CONNECTED 状态，其主要特征为 UE 和网络之间有信令连接，这个信令连接包括 RRC(无线资源控制)连接和 S1-MME(S1 移动管理节点功能)连接两部分。

①网络对 UE 位置所知精度为小区级；

②UE 移动性管理由切换过程控制；

③S1 释放过程将使 UE 从 ECM-CONNECTED 状态迁移到 ECM-IDLE 状态。

2. 切换的目的

(1)基于当前网络服务质量的切换。切换的目的如下。

①指示 UE 可与比当前服务小区信道质量更好的小区通信。

②为 UE 提供连续的无中断的通信服务。

③同频切换和异频切换。

(2)基于当前网络覆盖的切换。UE 失去当前 RAT 的覆盖，异系统切换。

(3)基于当前网络负荷的切换。切换的目的如下。

①覆盖当前区域小区负载不平衡时。

②资源共享，同频/异频/异系统切换。

3. 硬切换——先断开，再连接

硬切换示意图如图 4-10 所示。

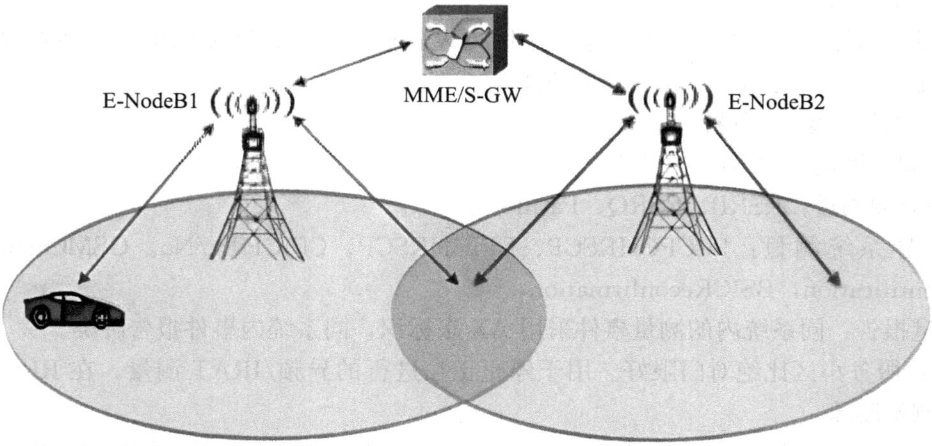

图 4-10　硬切换示意图

(二)切换的基本流程

切换三步曲如图 4-11 所示。

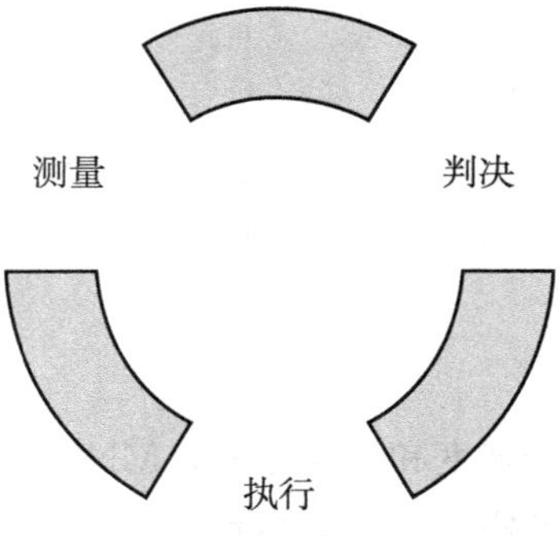

图 4-11　切换三步曲

(1)测量。

①测量控制。

②测量的执行与结果的处理。

③测量报告。

④主要由 UE 完成。

(2)判决。

①以测量为基础。

②资源申请与分配。

③主要由网络端完成。

(3)执行。

①信令过程。

②支持失败回退。

③测量控制更新。

测量：通知 UE 需要测量的对象、小区列表、报告方式、测量标识、事件参数等测量条件改变时，eNB 通知 UE 新的测量条件。

切换测量对象及测量值：

(1)同频测量：RSRP、RSRQ、Pathloss。

(2)异频测量：RSRP、RSRQ、Pathloss。

(3)异系统测量：PCCPCHRSCP、CPICHRSCP、CPICHEc/No。GSMCarrierRSSI，BSICIdentification，BSICReconfirmation。

测量报告：同系统内的测量事件采用 AX 来标识，同系统内事件报告种类。

A1：服务小区比绝对门限好。用于停止正在进行的异频/IRAT 测量，在 RRC 的控制下激活测量间隙。

A2：服务小区比绝对门限差。指示当前频率的覆盖较差，可以开始异频/IRAT 测量，在 RRC 的控制下激活测量间隙。

A3：邻小区比服务小区+偏移量好。用于切换。

A4：邻小区比绝对门限好。可用于负载平衡，与移动到高优先级的小区重选相似。

A5：服务小区比绝对门限 1 差，邻小区比绝对门限 2 好。可用于负载平衡，与移动到低优先级的小区重选相似。

异系统测量事件用 BX 来标识。

B1：邻小区比绝对门限好。用于测量高优先级的 RAT 小区。

B2：服务小区比绝对门限 1 差，邻小区比绝对门限 2 好。用于相同或低优先级的 RAT 小区的测量。

(三)切换算法详解

当相邻小区的信号强度(信号强度和偏移之和，MNbr=Mn+Ofn)变得大于 UE 的服务小区的信号强度(信号强度和偏移之和，MSer=Ms+Ofs)，并且差值大于 A3 的偏移值(Off)时，事件 A3 被触发，UE 将测量结果上报给 eNB。滞后(Hys)指示服务小区与目标小区之间的切换余量的值。如果 A3 被触发，则 eNB 决定触发切换，并且 A3 触发标准比指定为触发时间(TTT)周期的时间更长。切换算法流程示意图如图 4-12 所示。

A3 事件输入条件：Mn+Ofn−Hys>Ms+Ofs+Off

A3 事件离开条件：Mn+Ofn+Hys<Ms+Ofs+Off

切换参数及其含义如表 4-3 所示。

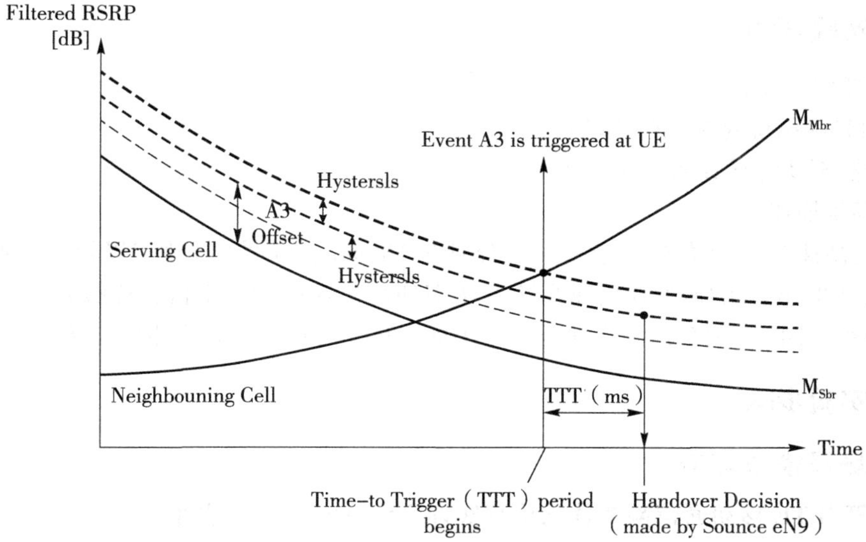

图 4-12　切换算法流程示意图

表 4-3　切换参数及其含义

参数	含义
Mn	邻小区测量电平值
Ms	服务小区测量电平值
Hys	Hysteresis，测量迟滞
Off	A3 Offset，测量偏置
TTT	time to trigger，触发时间

(四)邻区概念

在保证相邻两个小区覆盖接壤时，在 LTE 手机连接状态下，只有建立对象邻区关系，手机才能切换过去，如果没有建立邻区关系，系统不会进行切换。

邻区添加原则如下。

(1)地理位置上直接相邻的小区一般要作为邻区。

(2)邻区一般都要求互为邻区，即 A 小区把 B 小区作为邻区，B 小区也要把 A 小区作为邻区。如果在某些场景下，如高速覆盖，需要设单向邻区，如 A 小区可以切换到 B 小区而不希望 B 小区切换到 A 小区，那么可以通过将 A 小区加入到 B 小区的 black list 中实现。

(3)对于密集城区和普通城区，由于站间距比较近(0.3～1.0 km)，邻区应该多添加。

(4)对于市郊和郊县的基站，虽然站间距很大，但一定要把位置上相邻的小区作为邻区，保证能够及时切换。因为 LTE 的邻区不存在先后顺序的问题，而且检测周期非常短，所以只需要考虑不遗漏邻区，而不需要严格按照信号强度排序邻区。

三、实验环境

(1)实验室计算机。

(2)LTE 网络优化虚拟仿真软件。

(3)切换不及时导致弱覆盖的案例。

案例场景描述：

在机场高速马池旁边有 2 个基站，分别是“机场路 23 号广告牌”以及“东西湖马池桥头”，手机以 30 m/s 的速度在机场高速上从南到北快速移动。手机在连接状态下从机场路 23 号广告牌 _ 小区 1 到东西湖马池桥头 _ 小区 2 移动的过程中，产生弱覆盖。

四、实验步骤

(一)场景模拟环节

1. 打开“LTE 移动通信网络优化仿真实训平台(UltraRF)”软件

登录界面如图 4-7 所示，系统会根据每个学校配置的实验室网络配置不同的 IP，具体 IP 一般会由现场工程师在配置完成后告知实验室老师。部分客户端可能还存在账号和密码设置问题，这个可以和软件安装工程师以及实验室老师了解。

2. 选择“切换不及时导致弱覆盖”案例

选择“任务工程”目录下的“切换专题”。单击“切换不及时导致弱覆盖”案例，双击可显示地图窗口。地图上存在 2 个基站和 1 个测试轨迹，可以通过按住鼠标左键的同时拖动鼠标来移动地图，也可以通过鼠标滚轮完成。

3. 部署手机

在地图窗口的工具栏(第一行第二个)选择部署手机，等待鼠标指针变成十字形后，移动鼠标指针到路径的起点位置，单击确认。在弹出的“手机属性”窗口中直接单击“确定”按钮，其他参数不需要进行处理。

4. 启动仿真

在软件的工具栏上单击“启动仿真”按钮后，在软件界面的左下角有一个“手机状态”的窗口，通过类似飞行模式的图标，可以完成手机在线和空闲状态的控制；通过类似流量的图标，可以完成手机空闲状态和连接状态的切换；通过类似时钟的图标，可以进行手机移动速度的设置。这里直接让手机处于空闲状态就可以了，调整手机移动速度为 30 m/s。

(二)数据采集过程

启动仿真后，整个 LTE 网络优化仿真软件的引擎就启动了，就可以进行仿真测试了。但是还需要一个软件记录及分析测试数据，路测端可以用于收集仿真测试数据，以便后续统计和分析数据并生成报告。

1. 连接手机

路测端打开后，需要在左下角的“设备管理”窗口添加仿真手机。设备添加后，设备的“连接设备”快捷键就会激活。这里的仿真手机就是 LTE 网络优化仿真软件的测试数据源。连接上手机后，会发现“连接手机”后面的“断开手机”状态已经激活，现在不做处理，在后面会使用到。

2. 数据记录

完成以上操作后，就可以进行数据记录了。单击路测端软件工具栏上的“开始记录”按钮，此时路测端就开始记录仿真端的数据了。在实际网络优化中，这个时候相当于网络优化工程师坐在车上，打开了测试软件、连接好手机已经开始记录测试数据了，这个时候他会让司机开车开始正式测试。

3. 调整手机状态

因为目前需要在一个高速的环境下进行一次切换测试，所以需要将手机状态调整为连接状态，并且调整手机移动速度为 30 m/s。手机第二个类似流量开关的按钮就是网络控制按钮，关闭该按钮后，手机就处于空闲状态；反之，如果点亮它，手机就处于在线状态。单击“手机状态”窗口中手机界面的第 3 个按钮，在弹出的“手机移动速度”对话框内填写手机的移动速度为 30 m/s。

4. 开始移动

在 LTE 网络优化仿真软件内，在软件工具栏中单击“开始移动”按钮，这样仿真手机就开始移动了。等待移动完成后，测试任务就完成了，就要结束测试流程。

5. 停止仿真

测试完成后，整个测试轨迹由蓝色转成红色。在 LTE 网络优化仿真软件内，在软件工具栏中单击“停止移动”按钮，这样仿真手机就停止移动了。

6. 停止记录

切换到 LTE 网络优化仿真一路测端软件界面，在工具栏中单击“停止记录”按钮。停止记录后可以在左上角的工程窗口看到，软件已经生成了一个以开始记录时间为名称的测试文件。这个测试文件就是刚才仿真测试的结果，可以利用这个文件进行数据的回放和分析。

7. 断开设备

在 LTE 网络优化仿真一路测端软件中，找到左下角的“设备管理”窗口，单击该窗口工具栏上的“断开设备”按钮。为了保证下一步数据分析的正常进行，必须断开设备才可以进入路测端软件的分析模式。同理，在分析模式下要进行测试分析时，必须断开所有测试问题，这会在后面进行介绍。

(三)数据分析过程

1. 覆盖阈值设置

在 LTE 网络优化一路测端软件中，在菜单栏中选择“设置”→“参数设置”，在弹出的“参数设置”窗口内，打开 LTE 树结构，然后单击选择 RadioParameters。在后面的窗口中选择 RSRP(dBm)，然后在右边的小窗口中进行颜色阈值设置。覆盖阈值设置示意图如图 4-13 所示。

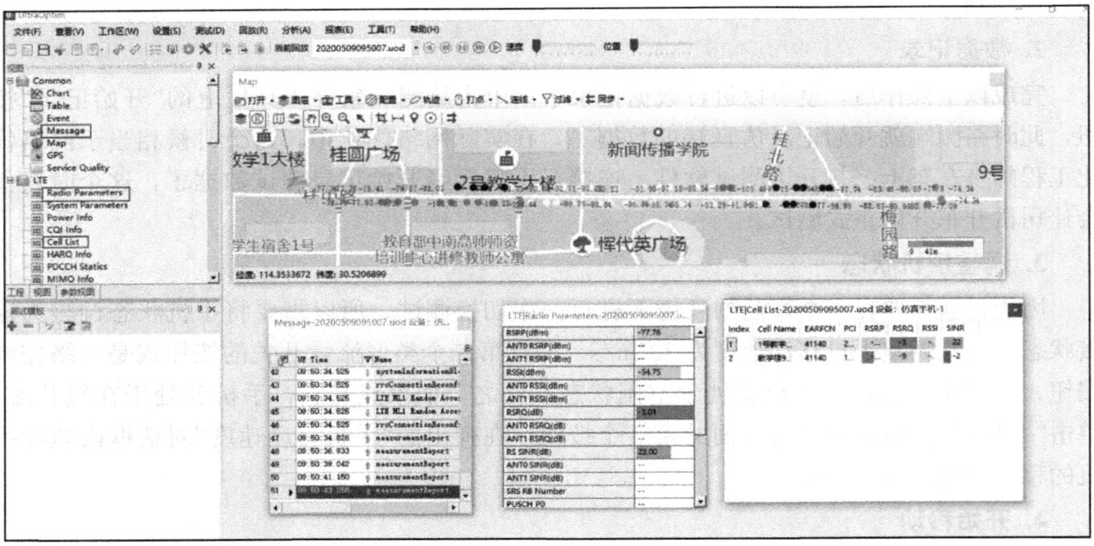

图 4-13 覆盖阈值设置示意图

在测试软件中可以将测试后的数据采样点在地图上按照测试轨迹进行呈现，可以在软件中自定义不同的 RSRP 区间采样点的颜色，这样可以在地图上很直观地发现弱覆盖路段，进行针对性的优化工作。

弱覆盖不仅与系统许多技术指标如系统的频率、灵敏度、功率等有直接的关系，而且与工程质量、地理因素、电磁环境等有直接的关系。一般系统的指标相对比较稳定，但如果系统所处的环境比较恶劣、维护不当、工程质量不过关，则可能会造成基站的覆盖范围减小。若在网络规划阶段考虑不周全或不完善，则基站开通后可能会存在弱覆盖或者覆盖空洞。发射机输出功率减小或接收机的灵敏度降低，天线的方位角发生变化、天线的俯仰角发生变化、天线进水、馈线损耗等都会对覆盖造成影响。

2. 数据导入

设置完阈值后，就正式开始进行数据分析，首选确认手机连接已经断开，在路测软件中测试模式和分析模式不可同时进行。在左上角的工程窗口中，在“默认工程”下面的“测试数据”选择刚才测试生成的测试数据，选择“导入”，在弹出的“文件导入”窗口中单击“开始导入”按钮，导入完成后，该窗口会自动关闭。

3. 打开分析窗口

在工程视图旁边选择“视图”窗口。展开第一个 Common 树结构，选择其下的 Map，双击打开该窗口。在路测端软件中，窗口提供“停靠式”摆放方式。单击窗口顶部并拖动鼠标可以实现窗口的移动。在进行弱覆盖分析的时候，推荐打开如下几个窗口：Common 下的 Map 窗口，LTE 树下的 RadioParameters 窗口、SystemParameters 窗口、Celllist 窗口。并将它们放置到合适的位置。

4. 基站工程参数获取

在进行数据分析前，还有一个重要的参数——基站工程参数需要获取。那么如何获取基站参数呢？

1）从仿真软件导出路测基站信息

打开 LTE 网络优化仿真软件，在进行的“切换不及时导致弱覆盖”的专题上，右击选择“导出路测基站信息到 CSV”，选择文件保存路径，记住该路径，在下一个步骤需要使用。

2）导入基站信息到路测端

切换到 LTE 网络优化仿真一路测端，选择左上角的“工程标签”，单击默认工程下面的“基站小区”，右击选择“导入”。在弹出的“工参匹配”窗口中单击“选择”，系统会继续弹出一个“基站文件选择”窗口。选择上一个步骤导出的 CSV 文件后，单击“打开”按钮。选择文件后，在“工参匹配”窗口中直接单击“确认”按钮即可（这里为了减少学习压力，直接将工程参数的内部值和映射值已经默认匹配好了）。导入完成后地图上会出现一个切换不及时导致弱覆盖的工参详细数据窗口，该窗口表示已经完成窗口的打开，直接关闭它就可以了。

5. 导入地图

为了方便教学，LTE 网络优化仿真一路测端提供了两种地图导入方式：在线地图，直接在地图窗口的工具栏（第二栏第二个图标）单击就可以实现在线地图（这个要求计算机有外网连接）。离线地图，支持将电子地图导入方式。这里为了演示方便，我们采用在线地图方式。在 LTE 网络优化仿真一路测端的地图窗口的第二个工具栏，单击就可以实现在线地图。打开后，该图标周围是蓝色外框。

6. 导入基站

在地图窗口内的菜单栏的第一个工具栏中单击“打开”按钮，在下拉列表中选择“导入基站”，在弹出的窗口中选择基站文件，选择刚才导入的“小区接入失败”工参，单击“确定”按钮，完成基站在地图上的显示（因为目前地图视角可能暂时不在基站所在位置，没有直接显示基站，在下一个步骤中导入轨迹后，就可以看到基站了）。

7. 导入轨迹

在地图窗口内菜单栏的第一个工具栏中单击“打开”按钮，在下拉列表中选择“导入轨迹”。在弹出的“导入轨迹”窗口中切换至“参数”选项卡，查看 LTE 树结构中 RSRP 是否被勾选。推荐只勾选 RSRP，其他不勾选（只勾选 RSPR 主要是为了方便进行覆盖分析）。

8. 数据分析

单击地图工具栏第二排的最后一个工具“同步回放”，然后等鼠标指针变成黑色箭头后，单击轨迹上的点就可以完成数据同步显示了。这个时候就可以进行优化分析。

可以发现：手机在机场高速从南向北移动的过程中，途径花园十二村附近时，RSRP 持续 1 530 m 低于－100 dBm，属于弱覆盖。在 LTE 网络优化仿真软件一路测端的地图界面，在工具栏中单击“同步回放”按钮（第二排倒数第三个），将鼠标指针移动到地图上，鼠标指针变成黑色，然后单击地图界面，这样地图界面和其他参数界面就可以同步展示了。

同步回放后可以发现：手机在该位置收到机场路 22 号广告牌一小区 1 的信号强度为－101 dBm，邻小区东西湖马池桥头一小区 2 的信号强度为－89 dBm。手机一直占用比较远的机场路 22 号广告牌一小区 1，没有切换到东西湖马池桥头一小区 2，导致该位置弱覆盖。检查两个小区的频点设置，发现它们是同频小区，所以两个小区之间处于同频切换。

因为手机是从机场路 22 号广告牌一小区 1 切换到东西湖马池桥头一小区 2，所以检查机场路 22 号广告牌一小区 1 的 A3 参数。查询 A3 参数，结合同步回放，切换触发时间设置为 4 s 在高速环境下可能存在切换不及时的问题。

9. 参数调整

进行数据分析后，就可以进行参数调整了。参数调整在 LTE 网络优化仿真软件上完成，回到 LTE 网络优化仿真软件的“切换不及时导致弱覆盖”专题。在地图窗口的工具栏中选择“编辑”(第一栏第六个)，等待鼠标指针变成黑色箭头，单击地图上的小区就可以进行小区参数修改了。

根据 A3 算法，修改机场路 22 号广告牌一小区 1 的 A3，将 TTT 从 4 s 修改为 1 s。

10. 复测

按照之前的操作步骤进行复测，判断之前轨迹区域是否全部得到覆盖，是否优化完成。

五、实验报告

用自己的语言阐述 A3 算法，并结合实际仿真案例，解释为什么需要加入迟滞和偏置参数。

实验 4.5　覆盖专题之基站参数错误导致弱覆盖

一、实验目的

(1)了解 TD-LTE 网络覆盖的特点。

(2)掌握 TD-LTE 网络覆盖问题的常见形式。

二、实验原理

(一)覆盖优化概述

良好的无线覆盖是保障移动通信网络质量和指标的前提，结合合理的参数配置才能得到一个高性能的无线网络。TD-LTE 网络一般采用同频组网，同频干扰严重，良好的覆盖和干扰控制对网络性能的意义重大。移动通信网络中涉及的覆盖问题主要表现为 4 个方面：覆盖空洞、弱覆盖、越区覆盖和导频污染。无线网络覆盖问题产生的原因主要有如下 5 类。

(1)无线网络规划准确性。无线网络规划直接决定了后期覆盖优化的工作量和未来网络所能达到的最佳性能。从传播模型选择、传播模型校正、电子地图、仿真参数设置以及仿真软件等方面保证规划的准确性，避免规划导致的覆盖问题，确保在规划阶段就满足网络覆盖要求。

(2)实际站点与规划站点位置偏差。规划的站点位置经过仿真测试，是能够满足覆盖要求的，但实际站点位置由于各种原因无法获取到合理的站点，导致网络在建设阶段就产生覆盖问题。

(3)实际工参和规划参数不一致。由于安装质量问题，出现天线挂高、方位角、下倾角、天线类型与规划的不一致，使得原本规划的已满足要求的网络在建成后出现了很多覆盖问题。虽然后期网络优化时可以通过一些方法来解决这些问题，但是会大大增加项目的成本。

(4)覆盖区无线环境的变化。一种是无线环境在网络建设过程中发生了变化，个别区域增加或减少了建筑物，导致出现弱覆盖或越区覆盖。另一种是由于街道效应和水面的反射导致形成越区覆盖和导频污染。要通过控制天线的方位角和下倾角，尽量避免沿街道直射，缩短信号的传播距离。

(5)增加新的覆盖需求。覆盖范围的增加、新增站点、站点搬迁等原因，会导致网络覆盖发生变化。

在实际的网络建设中，应尽量从上述 5 个方面规避网络覆盖问题的产生。

(二)覆盖优化内容

覆盖优化主要消除网络中存在的 4 种问题：覆盖空洞、弱覆盖、越区覆盖和导频污染。覆盖空洞可以归入弱覆盖中，越区覆盖和导频污染都可以归为交叉覆盖，所以，从这个角度和现场可实施角度来讲，优化主要有两个内容：消除弱覆盖和交叉覆盖。覆盖优化目标的制定，就是结合实际的网络建设，衡量最大限度地解决上述问题的标准。

(三)覆盖指标分析

1. 覆盖优化目标

开展无线网络覆盖优化之前，首先确定优化的 KPI(关键绩效指标)，TD-LTE 网络覆盖优化的 KPI 主要如下。

RSRP：在覆盖区域内，TD-LTE 无线网络覆盖率应满足 RSRP＞－100 dBm 的概率大于 98%。

2. 覆盖指标解读

RSRP 在协议中的定义为，在测量频宽内承载 RS 的所有 RE 功率的线性平均值，详见 3GPP 36.214。在 UE 的测量参考点为天线连接器，UE 的测量状态包括系统内、系统间的 RRC _ IDLE 态和 RRC _ CONNECTED 态。

在链路预算中，RSRP＝RS 信号发射功率＋扇区侧天线增益－传播损耗－建筑物穿损－人体损耗－线缆损失－阴影衰落＋终端天线增益。

(四)覆盖优化手段

解决覆盖的 4 种问题有如下 6 种手段(按优先级排序)。

①调整天线下倾角。

②调整天线方位角。

③调整 RS 的功率。

④升高或降低天线挂高。

⑤站点搬迁。

⑥新增站点或 RRU。

手段排序的主要依据是对覆盖影响的大小，对网络性能影响的大小以及可操作性。

1. 调整天线下倾角

通过调整天线下倾角可以控制天线覆盖范围。在实际应用中，天线下倾角包含电子下倾角和机械下倾角。调整电子下倾角主要通过软件调整天线内部矩阵实现；调整机械下倾角通过直接调整天线整体下倾角来实现。在实际的网络优化中，必须注意机械下倾角的度数不能超过 8°，若网络中存在机械下倾角超过 8° 的，必须更换为含电下倾的天线。

注：在仿真软件中调整下倾角的效果没有实际网络优化中显著。基站天线下倾角与覆盖区的关系如图 4-14 所示。

基于天线原理，调整方位角后，天线主瓣和旁瓣的覆盖都会随着方位角发生变化。通过调整天线方位角可以控制覆盖位置。在实际网络优化中，调整方位角都是通过直接调整天线实现的。天线覆盖方位角示意图如图 4-15 所示。

2. 调整 RS 的发射功率

在覆盖优化过程中，当通过调整天线方位角、下倾角无法解决覆盖问题时才考虑增大或减小 RS 的发射功率来解决覆盖问题。减小 RS 的发射功率常用于解决导频污染和越区覆盖问题，同样也会降低室外信号对室内的深度覆盖，在实际使用时需注意。

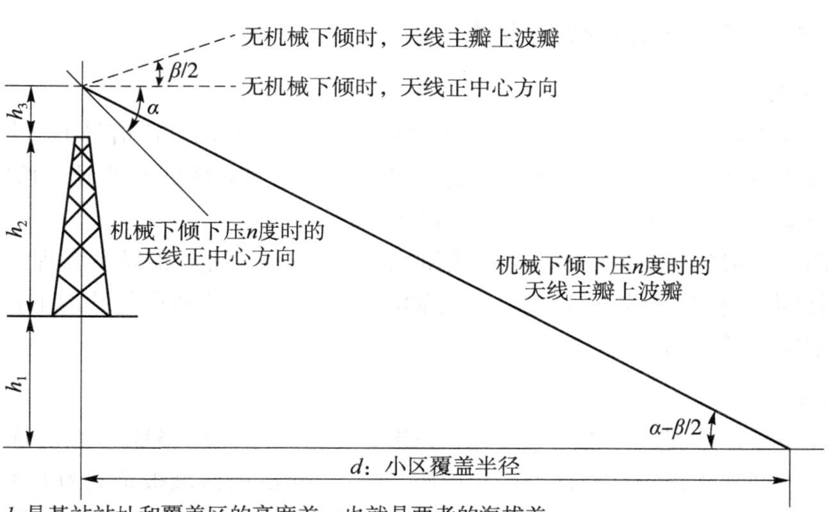

h_1是基站站址和覆盖区的高度差，也就是两者的海拔差
h_2是天线相对高度，也就是建筑物或者铁塔平台的高度
h_3是天线增高高度，是物杆的落地点和天线中心的高度差
α是天线下压的角度，β是天线垂直波瓣角

图 4-14　基站天线下倾角与覆盖区的关系

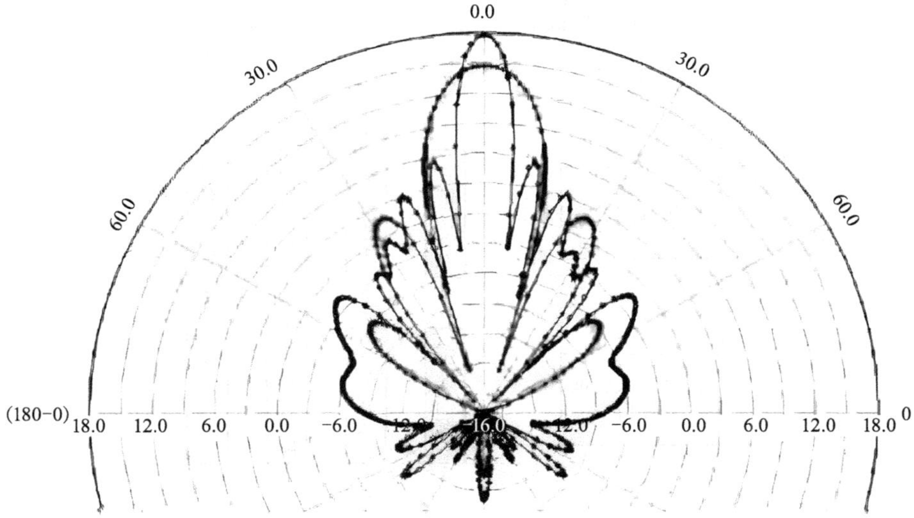

图 4-15　天线覆盖方位角示意图

(五)覆盖优化原则

原则 1：先优化 RSRP，后优化 RS-CINR。

原则 2：覆盖优化的两大关键任务是消除弱覆盖和交叉覆盖。

原则 3：先优化弱覆盖、越区覆盖，再优化导频污染。

原则 4：优先调整天线的下倾角、方位角，天线挂高和迁站及加站，再考虑调整 RS 的发射功率。

(六)覆盖问题的定义和优化方法

1. 覆盖空洞

定义：覆盖空洞是指在连片站点中间出现的完全没有 TD-LTE 信号的区域。UE 终端的灵敏度一般为－124 dBm，考虑部分商用终端与测试终端灵敏度的差异，预留 5 dB 的余量，则覆盖空洞定义为 RSRP＜－119 dBm 的区域。

优化思路：一般的覆盖空洞都是由规划的站点未开通、站点布局不合理或新建建筑阻挡导致。最佳的解决方案是增加站点或增加 RRU，其次是调整周边基站的工程参数和功率来尽可能地解决覆盖空洞。

2. 弱覆盖

定义：弱覆盖一般是指有信号，但信号强度不能够保证网络能够稳定地达到要求的 KPI 的情况。在网络优化仿真软件中，RSRP≤－100 dBm 的区域被定义为弱覆盖区域。

优化思路：优先考虑调整信号最强小区的天线下倾角、方位角，增加站点或 RRU，再考虑增加 RS 的发射功率。

(七)覆盖优化流程

覆盖优化流程示意图如图 4-16 所示。

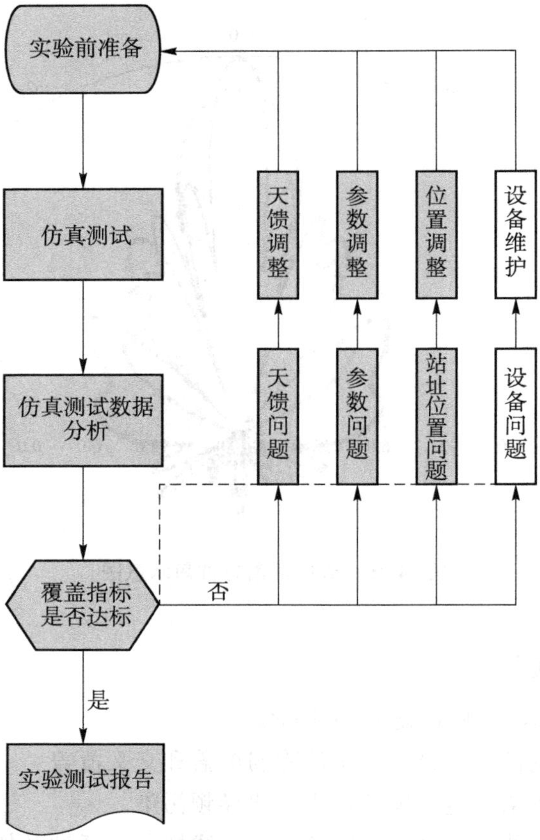

图 4-16　覆盖优化流程示意图

三、实验环境

(1)实验室计算机。

(2)LTE 网络优化虚拟仿真软件。

(3)基站参数错误导致弱覆盖案例。

案例场景描述：

手机在卓刀泉广场附近，距离卓刀泉广场基站 120 m，但是手机在附近使用时经常处于弱覆盖状态。利用路测软件测试，发现基站占用卓刀泉广场一小区 3，RSRP 为－103 dBm 左右，属于弱覆盖。

四、实验步骤

(一)场景模拟环节

1. 打开“LTE 移动通信网络优化仿真实训平台(UltraRF)”软件

2. 选择“基站参数错误导致弱覆盖”案例

3. 部署手机

在地图窗口的工具栏(第一行第二个)选择部署手机，等待鼠标指针变成十字形后，移动鼠标指针到路径的起点位置，单击确认。在弹出的“手机属性”窗口中直接单击“确定”按钮，其他参数不需要进行处理。

4. 启动仿真

在软件的工具栏上单击“启动仿真”按钮。

(二)数据采集过程

启动仿真后，整个 LTE 网络优化仿真软件的引擎就启动了，就可以进行仿真测试了。但是还需要一个软件记录及分析测试数据。

1. 连接手机

2. 开始记录

连接手机后单击路测端软件的工具栏的“开始记录”按钮。

3. 调整手机状态

这个环境是手机所在位置主覆盖小区无信号，可以采用空闲模式进行测试。

4. 开始移动

在 LTE 网络优化仿真软件内，在软件工具栏中单击“开始移动”按钮，这样仿真手机就开始移动了。移动完成后，测试任务就完成了，就要结束测试流程。

5. 停止仿真

测试完成后，整个测试轨迹由蓝色转成红色。在 LTE 网络优化仿真软件内，在软件工具栏中单击“停止移动”按钮，这样仿真手机就停止移动了。

6. 停止记录

切换到 LTE 网络优化仿真一路测端软件界面，在工具栏中单击“停止记录”按钮。停止记录后可以在左上角的工程窗口看到，软件已经生成了一个以开始记录时间为名称的测试文件。这个测试文件就是刚才仿真测试的结果，可以利用这个文件进行数据的回放和分析。

7. 断开设备

在 LTE 网络优化仿真一路测端软件中，找到左下角的“设备管理”窗口，在该窗口的工具栏中单击“断开设备”按钮。

(三)数据分析过程

1. 数据导入

在左上角的工程窗口，在“默认工程”下面的“测试数据”选择刚才测试生成的测试数据。选择“导入”，在弹出的文件导入窗口中单击“开始导入”按钮，导入完成后，该窗口会自动关闭。

2. 基站工程参数获取

在数据分析前，还有一个重要的参数——基站工程参数需要获取。那么如何获取基站工程参数呢?

(1)从仿真软件导出路测基站信息。打开 LTE 网络优化仿真软件，单击“基站参数错误导致弱覆盖”的专题，右击选择“导出路测基站信息到 CSV”，选择文件保存路径，记住该路径，在下一个步骤需要使用。

(2)导入基站信息到路测端。切换到 LTE 网络优化仿真一路测端，选择左上角的“工程标签”，单击默认工程下面的“基站小区”，右击选择“导入”。在弹出的“工参匹配”窗口中单击“选择”按钮，系统会继续弹出一个“基站文件选择”窗口。选择上一个步骤导出的 CSV 文件后，单击“打开”按钮。

3. 导入地图

在 LTE 网络优化仿真一路测端的地图窗口的第二个工具栏，单击就可以打开在线地图。打开后，该图标周围有蓝色边框。

4. 导入基站

在地图窗口内的菜单栏的第一个工具栏中单击“打开”按钮，在下拉列表中选择“导入基站”，在弹出的窗口中选择基站文件，选择刚才导入的“基站参数错误导致弱覆盖”工参。单击“确定”按钮，完成基站在地图上的显示。

5. 导入轨迹

在地图窗口内菜单栏的第一个工具栏中单击“打开”按钮，在下拉列表中选择“导入轨迹”。在弹出的“导入轨迹”窗口中切换至“参数”选项卡，查看 LTE 树结构中，RSRP 是否被勾选。推荐只勾选 RSRP，其他不勾选。

6. 数据分析

单击地图工具栏第二排最后一个工具“同步回放”，然后等鼠标指针变成黑色箭头后，单击轨迹上的点就可以完成数据同步显示。这个时候就可以进行优化分析了。

- **问题描述**

手机在陈家湾社区测试时，RSRP 持续低于－100 dBm，属于弱覆盖。

• **问题分析**

(1)软件分析。

①通过区域拉线图展示覆盖，在地图界面单击“连线”。

②在弹出的窗口中选择“区域”，然后在地图界面对弱覆盖区域进行拉框(单击一个起始点，然后按住鼠标左键继续框选整个弱覆盖路段，最后释放鼠标左键)。

(2)分析流程。

手机在测试过程中，由卓刀泉广场一小区 3 的旁瓣覆盖导致。在网络优化仿真软件中，在地图界面单击“编辑”按钮，然后单击小区就可以看到小区信息了。通过基站信息，先检查小区接入信息，发现本来应该作为主覆盖的小区——卓刀泉广场一小区 3 的小区允许接入标识为“否”，也就是不允许手机接入，因此只要修改这个参数就可以了。

• **解决建议**

优化调整：进入卓刀泉广场一小区 3 的编辑界面，修改小区接入标识为“是”。

7. 复测

按照之前的操作步骤进行复测，判断之前轨迹区域是否全部得到覆盖，是否优化完成。

五、实验报告

(1)画图描述几种常见的覆盖问题，并进行分析解释。

(2)画图描述常见网络优化的方法和排序。

实验 4.6　覆盖专题之基站规划不合理导致弱覆盖

一、实验目的

(1)掌握各种覆盖问题的分析思路。

(2)掌握各种覆盖问题的一般解决方法。

二、实验原理

实验原理与“实验 4.5 覆盖专题之基站参数错误导致弱覆盖”相同。

三、实验环境

(1)实验室计算机。

(2)LTE 网络优化虚拟仿真软件。

(3)基站规划不合理导致弱覆盖案例。

案例场景描述:

在华中师范大学南门附近存在 5 个基站。手机从华中师范大学东区学生宿舍 11 栋出发，出南门后，向南前进，到了雄楚大道后左转。在华中师范大学南门附近接近 500 m 处覆盖较弱，RSRP 低于−100 dBm。周围最近的基站均在 300 m 左右，在南门附近形成覆盖空洞。

四、实验步骤

(一)场景模拟环节

1. 打开“LTE 移动通信网络优化仿真实训平台(UltraRF)”软件

2. 选择“基站规划不合理导致弱覆盖”案例

3. 部署手机

在地图窗口的工具栏(第一行第二个)选择部署手机，等待鼠标指针变成十字后，移动鼠标指针到路径的起点位置，单击确认。在弹出的“手机属性”窗口中直接单击“确定”按钮，其他参数不需要进行处理。

4. 启动仿真

在软件的工具栏中单击“启动仿真”按钮。

(二)数据采集过程

启动仿真后，整个 LTE 网络优化仿真软件的引擎就启动了，就可以进行仿真测试了。但是还需要一个软件记录及分析测试数据。

1. 连接手机

2. 开始记录

完成手机连接后，单击路测端软件工具栏中的"开始记录"按钮。

3. 调整手机状态

因为目前需要在一个高速的环境下进行一次切换测试，所以需要将手机状态调整为连接状态。

4. 开始移动

在LTE网络优化仿真软件内，在软件工具栏中单击"开始移动"按钮，这样仿真手机就开始移动了。等待移动完成后，测试任务就完成了，就要结束测试流程。

5. 停止仿真

测试完成后，整个测试轨迹由蓝色转成红色。在LTE网络优化仿真软件内，在软件工具栏中单击"停止移动"按钮，这样仿真手机就停止移动了。

6. 停止记录

切换到LTE网络优化仿真一路测端软件界面，在工具栏中单击"停止记录"按钮。停止记录后可以在左上角的工程窗口看到，软件已经生成了一个以开始记录时间为名的测试文件。这个测试文件就是刚才仿真测试的结果，可以利用这个文件进行数据的回放和分析。

7. 断开设备

在LTE网络优化仿真一路测端软件中，找到左下角的"设备管理"窗口，在该窗口的工具栏中单击"断开设备"按钮。

(三)数据分析过程

1. 数据导入

在左上角的工程窗口，在"默认工程"下的"测试数据"选择刚才测试生成的测试数据。选择"导入"，在弹出的文件导入窗口中选择"开始导入"，导入完成后，该窗口会自动关闭。

2. 基站工程参数获取

在数据分析前，还有一个重要的参数——基站工程参数需要获取。那么如何获取基站参数呢？

(1)从仿真软件导出路测基站信息。打开LTE网络优化仿真软件，在"基站规划不合理导致弱覆盖"专题上选择"导出路测基站信息到CSV"，选择文件保存路径，记住该路径，在下一个步骤需要使用。

(2)导入基站信息到路测端。切换到LTE网络优化仿真一路测端，选择左上角的"工程标签"，单击默认工程下面的"基站小区"，选择"导入"。在弹出的"工参匹配"窗口中单击"选择"按钮，系统会继续弹出一个"基站文件选择"窗口。选择上一个步骤导出的CSV文件后，单击"打开"按钮。

3. 导入地图

在LTE网络优化仿真一路测端的地图窗口的第二个工具栏，单击就可以打开在线地图。打开后，该图标周围有蓝色边框。

4. 导入基站

在地图窗口内菜单栏的第一个工具栏中单击“打开”按钮，在下拉列表中选择“导入基站”，在弹出的窗口中选择基站文件，选择刚才导入的“基站规划不合理导致弱覆盖”工参。单击“确定”按钮，完成基站在地图上的显示。

5. 导入轨迹

在地图窗口内菜单栏的第一个工具栏中单击“打开”按钮，在下拉列表中选择“导入轨迹”。在弹出的“导入轨迹”窗口中切换至“参数”选项卡，查看 LTE 树结构中，RSRP 是否被勾选。推荐只勾选 RSRP，其他不勾选。

6. 数据分析

单击地图工具栏第二排的最后一个工具“同步回放”，然后等鼠标指针变成黑色箭头后，单击轨迹上的点就可以完成数据同步显示了。这个时候就可以进行优化分析了。

• **问题描述**

手机在华中师范大学佑铭体育馆以南持续 210 m、桂元路华中师范大学南门持续 340 m，RSRP 持续低于－100 dBm，属于弱覆盖。

• **问题分析**

(1)软件分析。

①通过区域拉线图展示覆盖，在地图界面单击“连线”。

②在弹出的窗口中选择“区域”，然后在地图界面对弱覆盖区域进行拉框(单击一个起始点，然后按住鼠标左键框选整个弱覆盖路段，最后释放鼠标左键)。

(2)分析流程。

网络优化分析是一个比较复杂的过程，我们针对问题，提出解决方案，解决后进行复测，如果指标合格则问题闭环，如果没有闭环则需要重新提出新的解决方案。

首先对弱覆盖区域按照覆盖基站不同进行划分。

问题 1：在该路段主要收到湖北省林业局一小区 1 和华中师范大学东 1 食堂一小区 3 的信号，这个路段的 RSRP 均低于－100 dBm。天线方位角几乎没有问题，尝试增加基站功率。

在 LTE 网络优化仿真软件中，单击地图窗口的“编辑”按钮，然后单击小区的扇区，就可以查询基站的属性。

通过查询基站属性发现，华中师范大学东 1 食堂一小区 3 的基站发射功率只有 15 dBm，可以尝试增加功率，并优化方位角使之朝弱覆盖面积最大的位置覆盖。

①调整华中师范大学东 1 食堂一小区 3 的方位角：从 254°调整到 240°。

②调整华中师范大学东 1 食堂一小区 3 的发射功率：从 15 dBm 调整到 33 dBm。

调整完成后进行复测，查看问题 1 路段弱覆盖是否解决。

问题 2：在该路段，主要收到圣宝龙大酒店一小区 1 和湖北省林业局一小区 3 的信号，但是都是弱覆盖。以问题点为中心，利用测距工具，查询每个基站到问题点的距离。

测距工具：在 LTE 网络优化仿真软件一路测端的地图界面，单击工具栏第二排的倒数第四个图标，单击地图上的基站中心位置，然后将鼠标指针移动到问题点，双击即可弹出测距结果。

通过测试三个小区和问题点的距离，可以尝试利用圣宝龙大酒店一小区 1 作为主覆盖小区。

①尝试调整圣宝龙大酒店一小区 1 的方位角：从 0°调整到 20°。

②尝试调整圣宝龙大酒店一小区 1 的功率：从 15 dBm 调整到 33 dBm。

调整完成后进行整段复测，查看所有弱覆盖是否解决。

7. 复测

按照之前的操作步骤进行复测，判断之前轨迹区域是否全部得到覆盖，是否优化完成。

五、实验报告

以一个小区为目标，如果不调整基站功率，尝试通过增加基站的方式解决网络覆盖问题。要求 RSRP 统计结果中大于−100 dBm 的达到 99%以上。

实验 4.7　覆盖专题之越区覆盖

一、实验目的

(1)了解越区覆盖的原理。

(2)掌握越区覆盖的优化方法。

二、实验原理

当一个小区的信号出现在其周围一圈邻区及以外的区域，并且 RSRP 足够强以至于能够成为主服务小区时，称为越区覆盖。

越区覆盖很容易导致手机上行发射功率饱和、切换关系混乱等问题，从而严重影响下载速率甚至导致掉线。天线挂高引起的越区覆盖主要是由站点选择或者在建网初期只考虑覆盖引起的，一般为了保证覆盖，在初期站址选择时通常选择高大建筑物或者郊区的高山之上，但是会在后期带来严重的越区现象。通常在市区内，站间距较小、站点密集的情况下，下倾角设置不够大会使该小区信号覆盖比较远；站点选择在比较宽阔的街道旁边时，由于波导效应，信号沿着街道传播很远；城市中有大面积的水域，例如穿城而过的江河等，由于信号在水面的传播损耗很小，因此一般在此环境下覆盖非常远。这些场景都可能导致越区覆盖。

三、实验环境

(1)实验室计算机。

(2)LTE 网络优化虚拟仿真软件。

(3)越区覆盖案例。

案例场景描述：

手机在华中科技大学 7 号教学楼附近的时候，接收信号为－105 dBm 左右，占用距离 500 m 远的教学 1 大楼一小区 1，存在比较近的办公楼基站，之间距离仅为 200 m。通过邻区参数可以看到办公楼一小区 2 基站的信号，所以教学 1 大楼一小区 1 存在越区覆盖的现象。

四、实验步骤

(一)场景模拟环节

1. 打开"LTE 移动通信网络优化仿真实训平台(UltraRF)"软件

2. 选择"越区覆盖"案例

3. 部署手机

在弹出的手机属性窗口中直接单击"确定"按钮，其他参数不需要进行处理。

4. 启动仿真

在软件的工具栏中单击“启动仿真”按钮。

(二)数据采集过程

启动仿真后，整个 LTE 网络优化仿真软件的引擎就启动了，就可以进行仿真测试了。但是还需要一个软件记录及分析测试数据。

1. 连接手机

2. 开始记录

单击路测端软件工具栏中的“开始记录”按钮。

3. 调整手机状态

因为目前需要在一个连接的环境下进行一次切换测试，所以需要将手机状态调整为连接状态。

4. 开始移动

在 LTE 网络优化仿真软件内，在软件工具栏中单击“开始移动”按钮，这样仿真手机就开始移动了。

5. 停止仿真

测试完成后，整个测试轨迹由蓝色转成红色。在 LTE 网络优化仿真软件内，在软件工具栏中单击“停止移动”按钮，这样仿真手机就停止移动了。

6. 停止记录

切换到 LTE 网络优化仿真一路测端软件界面，在工具栏中单击“停止记录”按钮。停止记录后，可以在左上角的工程窗口中看到，软件已经生成了一个以开始记录时间为名的测试文件。这个测试文件就是刚才仿真测试的结果，可以利用这个文件进行数据的回放和分析。

7. 断开设备

在 LTE 网络优化仿真一路测端软件中，找到左下角的“设备管理”窗口，在该窗口的工具栏中单击“断开设备”按钮。

(三)数据分析过程

1. 数据导入

在左上角的工程窗口，在“默认工程”下的“测试数据”选择刚才测试生成的测试数据。选择“导入”，在弹出的文件导入窗口中选择“开始导入”，导入完成后，该窗口会自动关闭。

2. 基站工程参数获取

在数据分析前，还有一个重要的参数——基站工程参数需要获取。那么如何获取基站参数呢?

(1)从仿真软件导出路测基站信息。打开 LTE 网络优化仿真软件，在“越区覆盖”专题上选择“导出路测基站信息到 CSV”，选择文件保存路径，记住该路径。

(2)导入基站信息到路测端。切换到 LTE 网络优化仿真一路测端，选择左上角的“工程标签”，单击默认工程下面的“基站小区”，选择“导入”。在弹出的“工参匹配”窗口中单击“选择”按钮，系统会继续弹出一个“基站文件选择”窗口。选择上一个步骤导出的 CSV 文件后，单击“打开”按钮。

3. 导入地图

在 LTE 网络优化仿真一路测端的地图窗口的第二个工具栏，单击就可以打开在线地图。打开后，该图标周围有蓝色边框。

4. 导入基站

在地图窗口内菜单栏的第一个工具栏中单击“打开”按钮，在下拉列表中选择“导入基站”，在弹出的窗口中选择基站文件，选择刚才导入的“越区覆盖”工参。单击“确定”按钮，完成基站在地图上的显示。

5. 导入轨迹

在地图窗口内菜单栏的第一个工具栏中单击“打开”按钮，在下拉列表中选择“导入轨迹”。在弹出的“导入轨迹”窗口中切换至“参数”选项卡，查看 LTE 树结构中，RSRP 是否被勾选。推荐只勾选 RSRP，其他不勾选。

6. 数据分析

单击地图工具栏第二排的最后一个工具“同步回放”，然后等鼠标指针变成黑色箭头后，单击轨迹上的点就可以完成数据同步显示。这个时候我们就可以进行优化分析了。

- **问题描述**

手机在华中科技大学 7 号教学楼周围，RSRP 持续低于－100 dBm，属于弱覆盖。

- **问题分析**

(1)软件分析。

①通过区域拉线图展示覆盖，在地图界面单击“连线”。

②在弹出的窗口中选择“区域”，然后在地图界面对弱覆盖区域进行拉框(单击一个起始点，然后按住鼠标左键框选整个弱覆盖路段，然后释放鼠标左键。)

(2)分析流程。

网络优化分析是一个比较复杂的过程，针对问题提出解决方案，解决后进行复测，如果指标合格则问题闭环，如果没有闭环则需要提出新的解决方案。

通过测距工具可以明显看到，由于教学 1 大楼一小区 1 的覆盖距离较远，导致越区覆盖。越区覆盖导致了东区教工公寓一小区 1 的邻区丢失。

- **解决建议**

①降低教学 1 大楼一小区 1 的天线高度：从 60 m 降低到 30 m。

②调整办公楼一小区 2 的天线下倾角：从 10°调整到 3°。

③调整办公楼一小区 3 的天线下倾角：从 10°调整到 3°。

7. 复测

按照之前的操作步骤进行复测，判断之前的轨迹区域是否全部得到覆盖，是否优化完成。

五、实验报告

写出越区覆盖的主要原因；根据小区实例提出越区覆盖的主要解决方案；如果该位置的越区覆盖还没有被彻底解决，请继续优化该网络。

实验 4.8 干扰专题之重叠覆盖

一、实验目的

(1)了解重叠覆盖的判定方式。

(2)掌握重叠覆盖的优化方法。

二、实验原理

TD-LTE 采用同频组网，如在 F 频段(1 880～1 920 MHz)，全网小区使用相同频点，每个小区内的终端用户都会受到来自其他小区的同频干扰。通常把受到较多的同频邻区干扰影响且干扰较大的区域称为重叠覆盖区域。

实际网络测试结果表明，对于同频组网的 TD-LTE 系统，重叠覆盖问题是影响网络性能指标的因素之一，也是 TD-LTE 在建设和优化阶段需重点考虑的因素。本实验通过对重叠覆盖问题的成因来源、影响程度和解决方案进行介绍，探讨如何规避重叠覆盖对网络性能的影响。

(一)重叠覆盖对网络性能的影响

TD-LTE 网络中存在的重叠覆盖是 TD-LTE 网络建设和网络优化面临的主要问题之一。在重叠覆盖影响严重的区域，终端用户的吞吐量性能受到很大影响，甚至无法达到网络建设的规划指标，极其影响用户的使用体验。

在 TD-LTE 同频网络中，将弱于服务小区信号强度 6 dB 以内且 CRSRSRP 大于 －110 dBm 的重叠小区数目超过 3 个(含服务小区)的区域，作为重叠覆盖区域考虑。

网络优化测试数据的统计结果表明，与未受到重叠覆盖影响的区域相比，重叠覆盖区域存在 70％以上的性能损失，且随着重叠覆盖程度加深，同频干扰造成的性能损失会进一步加大。从重叠覆盖的影响范围上看，不同场景所占的比例有所不同。下面通过研究重叠覆盖影响的程度和范围，来寻找解决重叠覆盖问题的方法。

实际网络中的站址高度和站址距离均不同于理想蜂窝网络，此外覆盖范围内的建筑起伏不定，对信号传播的影响多种多样，重叠覆盖问题在这种网络中必然存在。

重叠覆盖对 TD-LTE 的影响可以通过测试评估。随着重叠覆盖范围的增加，终端用户的吞吐量变化情况如图 4-17 所示。

由图 4-17 可知，重叠小区的个数每增加一个，终端用户的 CRS-SINR 会下降 1.4～3 dB，用户的下行吞吐量会下降 20％～40％。由定点的测试结果可以看出，同频网络中的重叠覆盖对性能的影响非常严重，需要严格控制重叠覆盖的程度和范围。

随着重叠覆盖小区的逐渐增加，终端的吞吐量和 SINR 迅速下降，当在网络中重叠覆盖影响占比过大时，网络性能将无法满足规划指标的要求。

除此之外，严重的重叠覆盖还会带来 TD-LTE 小区间 PCI 的模 3 干扰，这种干扰会对用户的移动性造成一定影响，特别是在网络载荷较轻时更加明显。

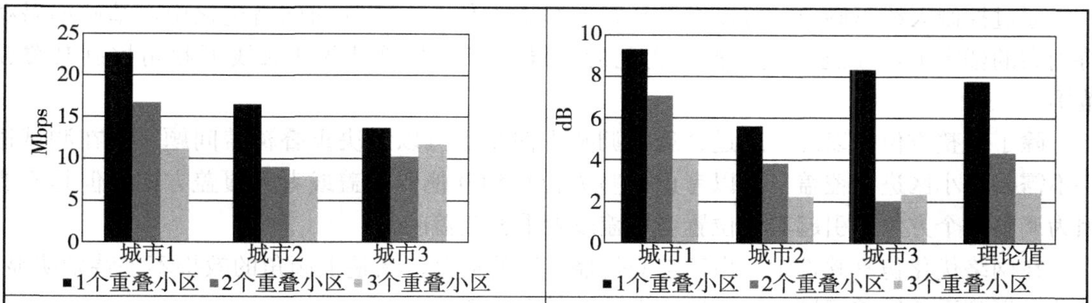

（a）用户吞吐量（50%加扰）　　（b）SINR（50%加扰）

图 4-17　重叠覆盖对用户吞吐量的影响

(二)重叠覆盖问题的来源

1. 网络结构影响

不同的区域重叠覆盖的程度存在很大差异，重叠覆盖的影响范围和程度与测试环境的网络结构密切相关。理论仿真分析表明，在理想网络结构中，TD-LTE 天线挂高不宜过高，在站间距为 400～500 m 时，天线挂高建议为 30～35 m，或与整网平均站高基本保持一致，站点分布尽量均匀。TD-LTE 天线方位角尽可能 120°三等分，同站两扇区夹角不小于 100°，不大于 150°。天线主瓣方向无明显阻挡，也不要与街道的走向平行；天线下倾角不宜设置过小，需要结合站高、站间距、周边地理环境综合考虑，且机械下倾角设置不超过 10°，防止天线方向图形状发生畸变。在这种理想的网络结构下，重叠覆盖所影响的区域只有 1%左右。而实际网络中的天线挂高、站间距、角度以及站址分布很难达到理想网络结构的要求，其重叠覆盖程度会高于仿真结果。

2. 天线倾角影响

对于同频 TD-LTE 网络，天线俯仰角的变化会引起重叠覆盖范围变化。天线倾角下压时小区间的切换带变窄，重叠覆盖的影响范围和强度均降低；天线倾角上调时，小区间的切换带变宽，重叠覆盖的影响变大。规模试验网络中某区域倾角变化对性能影响的结果表明，下压倾角时 TD-LTE 室外道路覆盖性能提升 7%，而上调倾角后导致了 15%的性能损失。

(三)重叠覆盖解决方案

解决重叠覆盖问题最重要的思路是“除弱扶强”，在重叠覆盖路段先确认一个主覆盖小区，该小区的特征如下。

①在重叠覆盖位置重叠覆盖。

②确认其他小区可以进行优化调整。

③尽量减少频繁切换。

然后通过下列优化手段调整其他比较“弱”的小区。

1. 调整基站下倾角或者方位角

通过控制天线下倾角，可以有效地控制覆盖方位。在实际的网络优化中，基站如果在特别高的楼宇上，在进行重叠覆盖优化的时候一定需要通过调整天线下倾角控制其覆盖范围。

除了调整方位角以外，通过合理地调整方向角也可以解决重叠覆盖问题。如在测试道路不需要该小区进行覆盖，可以考虑调整方位角到其他弱覆盖或者无覆盖方向。但是不要因为调整一个方位角引起其他位置弱覆盖或者重叠覆盖问题。

在网络优化仿真软件中，由于空间传播算法的估算，调整下倾角的效果不是特别明显，推荐在遇到重叠覆盖问题时，可以合理地调整方位角。

2. 更换站址

更换站址是一个效果很明显的优化方法，但是必须考虑站址移除以后，原小区覆盖的区域是否会产生弱覆盖。同时站址搬迁是成本比较高的方案，实施该方案需要考虑成本问题。

3. 更换频点

更换频点后，必须考虑原基站和周围基站的切换问题(如邻区添加、异频切换定义)、重选问题(异频重选等级)、手机异频检测问题。避免因为修改频点产生弱覆盖、切换掉线等问题。

三、实验环境

(1)实验室计算机。

(2)LTE 网络优化虚拟仿真软件。

(3)重叠覆盖导致质差案例。

案例场景描述：

在该场景中存在 3 个基站，共计 3 个小区，3 个小区都对南湖路丁字桥路口进行覆盖。手机在南湖路丁字桥路段的时候，从西向东。十字路口测试的 SINR 较差，SINR 为 2 dB。

四、实验步骤

(一)场景模拟环节

1. 打开“LTE 移动通信网络优化仿真实训平台(UltraRF)”软件

2. 选择“重叠覆盖导致质差”案例

3. 部署手机

在弹出的“手机属性”窗口中直接单击“确定”按钮，其他参数不需要进行处理。

4. 启动仿真

在软件的工具栏中单击“启动仿真”按钮。

(二)数据采集过程

启动仿真后，整个 LTE 网络优化仿真软件的引擎就启动了，就可以进行仿真测试了。

但是还需要一个软件记录及分析测试数据。

1. 连接手机

这里的仿真手机就是LTE网络优化仿真软件的测试数据源。

2. 开始记录

完成手机连接后，就可以进行数据记录了，单击路测端软件工具栏中的“开始记录”按钮。

3. 调整手机状态

因为目前需要在一个连接的环境下进行一次切换测试，所以需要将手机状态调整为连接状态。

4. 开始移动

在LTE网络优化仿真软件内，在软件工具栏中单击“开始移动”按钮，这样仿真手机就开始移动了。

5. 停止仿真

测试完成后，整个测试轨迹由蓝色转成红色。在LTE网络优化仿真软件内，在软件工具栏中单击“停止移动”按钮，这样仿真手机就停止移动了。

6. 停止记录

切换到LTE网络优化仿真一路测端软件界面，在工具栏中单击“停止记录”按钮。停止记录后可以在左上角的工程窗口看到，软件已经生成了一个以开始记录时间为名称的测试文件。这个测试文件就是刚才仿真测试的结果，可以利用这个文件进行数据的回放和分析。

7. 断开设备

在LTE网络优化仿真一路测端软件中，找到左下角的“设备管理”窗口，在该窗口的工具栏中单击“断开设备”按钮。

(三)数据分析过程

1. 数据导入

在左上角的工程窗口，在“默认工程”下面的“测试数据”中选择刚才测试生成的测试数据。选择“导入”。在弹出的文件导入窗口单击“开始导入”按钮，导入完成后，该窗口会自动关闭。

2. 基站工程参数获取

在数据分析前，还有一个重要的参数——基站工程参数需要获取。那么如何获取基站参数呢?

(1)从仿真软件导出路测基站信息。打开LTE网络优化仿真软件，在“重叠覆盖导致质差”专题上选择“导出路测基站信息到CSV”，选择文件保存路径，记住该路径。

(2)导入基站信息到路测端。切换到LTE网络优化仿真一路测端，选择左上角的“工程标签”，单击默认工程下面的“基站小区”，选择“导入”。在弹出的“工参匹配”窗口中单击“选择”按钮，系统会继续弹出一个“基站文件选择”窗口。选择上一个步骤导出的CSV文件后，单击“打开”按钮。

3. 导入地图

在 LTE 网络优化仿真一路测端的地图窗口的第二个工具栏，单击就可以打开在线地图。打开后，该图标周围有蓝色边框。

4. 导入基站

在地图窗口内的菜单栏的第一个工具栏中单击“打开”按钮，在下拉列表中选择“导入基站”。在弹出的窗口中选择基站文件，选择刚才导入的“重叠覆盖导致质差”工参。单击“确定”按钮，完成基站在地图上的显示。

5. 导入轨迹

在地图窗口内的菜单栏的第一个工具栏中单击“打开”按钮，在下拉列表中选择“导入轨迹”。在弹出的“导入轨迹”窗口中切换至“参数”选项卡，查看 LTE 树结构中，RSRP 是否被勾选。这里需要勾选 RSRP 和 SINR，其他不勾选。做信号质量分析时，必须同时观察 RSRP 和 SINR 图层。

6. 数据分析

添加 Cell List 窗口，单击地图工具栏第二排的最后一个工具“同步回放”，然后等鼠标指针变成黑色箭头后，单击轨迹上的点就可以完成数据同步显示。这个时候就可以进行优化分析了。

• 问题描述

在进行问题分析前，需要将 RSRP 轨迹和 SINR 轨迹分离，以免同时观察信号覆盖和质量。

图层偏移功能介绍：在路侧端的地图界面的工具栏中选择“图层管理”。这样在地图的右边就会出现图层信息窗口。在轨迹图层下面找到 RSRP 图层，右击“图层偏移”。移动鼠标指针到地图界面，鼠标指针已经变成黑色十字，单击轨迹并按住鼠标左键，然后向周围拖动一段距离，最后释放鼠标左键，RSRP 图层就偏移出去了。同时观测 RSRP 和 SINR，方便排除因为覆盖差引起的质差，需要先优化覆盖，再在测试后进行干扰检测。手机在南湖路丁字桥南路路口周围，SINR 持续低于 6 dB，属于质差。

• 问题分析

(1)软件分析。利用软件的同步回放工具，单击质差点，通过键盘的前后键观察整个过程中的质差位置，主小区和邻小区的覆盖电平变化。

(2)分析流程。网络优化分析是一个比较复杂的过程，针对问题，提出解决方案，解决问题后进行复测，如果指标合格则问题闭环，如果没有闭环则需要重新提出新的解决方案。

通过前后观察可以明显发现，在问题区域存在南湖名都一小区 1、金地格林一小区 1、大华南湖一小区 1 对该位置进行覆盖，且彼此之间电平相近，构成重叠覆盖。其中大华南湖一小区 1 在整个覆盖过程中不占据主覆盖，作为干扰小区，需要对其进行削弱，然后针对南湖名都一小区 1、金地格林一小区 1 进行复测，看是否还是存在问题。调整大华南湖一小区 1 的方位角，从 343°调整到 240°。

7. 复测

按照之前的操作步骤进行复测，判断之前的轨迹区域是否全部得到覆盖，是否优化完成。

五、实验报告

(1)尝试通过站址搬迁优化方法进行优化，对比优化前后的效果。

(2)尝试通过修改频点解决该问题，完成后对比优化前后的效果。

(3)对比 3 种方法的优化效果及结合实际运营商网络讨论实现困难度。